因果推断
入门

保罗·R.罗森鲍姆
(Paul R. Rosenbaum)
—— 著 ——

叶星 李井奎
—— 译 ——

CAUSAL
INFERENCE

中国人民大学出版社
·北京·

在了解事物的本质时，我们就了解了行动的可能性；在了解行动的可能性时，我们就了解了事物的本质。

——彼得·F. 斯特劳森*，《分析与形而上学》

要想知道当你对一个系统进行干预时它会发生什么，你必须对它进行干预。

——乔治·E. P. 鲍克斯**，《回归的运用和滥用》

---

* 彼得·F. 斯特劳森（Peter F. Strawson，1919—2006），英国哲学家，语言哲学牛津学派代表人物。——译者注

** 乔治·E. P. 鲍克斯（George E. P. Box，1919—2013），英国统计学家，从事质量控制、时间序列分析、实验设计和贝叶斯推断等领域的工作。他被称为"20世纪最伟大的统计学家之一"。——译者注

目 录

第一章 处理引起的效应 …………………………………… 1
什么是因果效应？因果推断为何如此艰难？ ……………… 3
精确问题的标记法 …………………………………………… 4
对照组能解决问题吗？ ……………………………………… 6
多于两个人的情况也是一样的 ……………………………… 9
用公平的硬币来决定对人们的处理分配 …………………… 11
平均处理效应（ATE） ……………………………………… 15

第二章　随机实验 …… 17
  随机对照实验 …… 20
  为什么要随机分配处理？…… 20
  随机化处理分配和因果推断 …… 24
  估计平均处理效应 …… 24
  检验无因果效应假说 …… 29
  硬币投掷的特殊性何在？…… 32
  给乔治·华盛顿放血和体液说 …… 34

第三章　观测性研究问题 …… 35
  什么是观测性研究？…… 35
  吸烟与牙周病 …… 37
  插曲：图基的箱形图 …… 40
  处理组和对照组在箱形图上是否具有可比性？…… 43
  比较那些不可比较组的结果 …… 46

第四章　对可测协变量的调整 …… 49
  作为一种调整方法的协变量匹配 …… 49
  倾向得分的不平衡 …… 51
  倾向得分匹配如何平衡可测协变量 …… 53
  在控制可测协变量的同时比较结果 …… 58
  其他匹配方法 …… 59

第五章　对未测量协变量的敏感性 …… 63
  异议、反诉和竞争性假说 …… 64

吸烟与肺癌 ··· 66
　　观测性研究的首次敏感性分析 ·································· 67
　　现代敏感性分析：吸烟与牙周病 ································ 70
　　敏感性分析的作用 ··· 75

第六章　观测性研究设计中的准实验装置 ························ 77
　　可预期到的反诉 ·· 77
　　两个对照组 ··· 80
　　两个对照组的逻辑 ··· 81
　　除了未处理的对照组之外，还有未处理的对应组 ············ 82
　　解决可预期的反诉 ··· 85

第七章　自然实验、断点和工具变量 ··························· 87
　　在一个原本有偏差的世界中进行随机分配的那些事儿 ········ 88
　　来自彩票的自然实验 ·· 89
　　大自然的自然实验之一：兄弟姐妹的基因 ····················· 91
　　大自然的自然实验之二：假想的兄弟姐妹 ····················· 95
　　作为自然实验的断点设计 ······································ 96
　　鼓励实验：你能通过随机化一种处理来了解另一种处理吗？ ···· 99
　　工具变量和顺从者平均因果效应 ······························ 102
　　被提供住房券的效应或接受它的效应 ·························· 108
　　选择处理分配中偏差较小的情形 ······························ 109

第八章　复制、解决和证据因素 ································ 111
　　复制不是重复 ·· 112

不解决问题的重复……………………………………… 112
单一目标的不同视角……………………………………… 113
证据因素……………………………………………… 116

第九章　因果推断中的不确定性和复杂性……………… 119
每天少量饮酒有益吗？…………………………………… 120
肿瘤学家与心脏病专家…………………………………… 120
来自新策略的反对声音：孟德尔随机化………………… 124
答案可能很复杂…………………………………………… 126
传统毒素…………………………………………………… 127
总死亡率…………………………………………………… 127
被认为有益于心脏的部分或全部好处只是一个错误？… 128
那么每天少量饮酒有益吗？……………………………… 131

附录：每一章的核心思想……………………………… 132
术语表…………………………………………………… 135
参考文献………………………………………………… 138
延伸阅读………………………………………………… 145
索　引…………………………………………………… 147
译后记…………………………………………………… 158

第一章
处理引起的效应

1757年，在乔治·华盛顿击败大英帝国之前，在他于美洲大陆大权在握并于选举后和平移交权力之前——在所有这一切之前——乔治·华盛顿曾生过一场病，他的医生差点要了他的命。他们给他放血，目的是使他的体液恢复健康的平衡。多年以后的1799年12月13日，华盛顿

抱怨喉咙痛……痛到他几乎无法呼吸……这个垂死之人不仅因为喉咙肿胀慢慢窒息而死，而且还要忍受18世纪医学的折磨。他被反

复放血,直到血量减少了一半。他被逼着使劲呕吐……皮肤上覆着燃烧的化学物质,使他浑身起泡。①

第二天,华盛顿就与世长辞了。

体液是什么?古希腊医生希波克拉底和盖伦认为,体液失衡会导致疾病,而医生的工作就是帮助病人恢复体液平衡。在古希腊人的思想中,天地之间有四种元素——土、水、空气和火,在人体内它们体现为四种体液——黑胆汁、黏液、血液和黄胆汁。② 人在发病时,体液的不平衡是很明显的——二者总是同时出现。病人不是太热就是太冷——不是发烧就是打寒战;他们咳嗽、打喷嚏、大口喘气,试图平衡他们的体液;他们吐血、流脓、多痰、呕吐和腹泻;他们要么浑身肿胀,要么身形消瘦。在这些体液失衡得到纠正之前,没有人能恢复健康。

体液学说把症状误认为疾病,把外显的表现误认为结果,把附带的现象误认为原因。医生相信体液说,因为他们的老师相信体液说,就像那些教过他们老师的人一样。两千多年来,人们一直认为,体液失衡会导致疾病。这一观点两千年都没有发生变化。

为什么18世纪的医生要给病人放血?一个看似合理但错误的答案是,他们对生物学之甚少。的确,他们对生物学知之甚少。DNA的发现发生在20世纪。查尔斯·达尔文在19世纪才提出了自然选择的演化学说。19世纪,路易·巴斯德*、雅各布·亨勒**和罗伯特·科赫***发

---

① John Rhodehamel, *George Washington: The Wonder of the Age* (New Haven, CT: Yale University Press, 2017), 78, 299.
② Frank M. Snowden, *Epidemics and Society: From the Black Death to the Present* (New Haven, CT: Yale University Press, 2019), 17–18.
* 路易斯·巴斯德(Louis Pasteur, 1822—1895),法国著名的微生物学家、化学家。——译者注
** 雅各布·亨勒(Jakob Henle, 1809—1885),德国解剖学家、病理学家。——译者注
*** 罗伯特·科赫(Robert Koch, 1843—1910),德国医生和微生物学家,世界病原细菌学的奠基人和开拓者。——译者注

现了微生物对疾病的重要性。巴斯德是在一个思想开放、态度严肃的行业里开始他的生物学研究工作的，他不会容忍错误的推理、不准确的测量或错误的理论；他本是一位法国化学家，主要从事优质红酒的生产。① 理论越好意味着酒越好；这是可以尝出来的。

的确，18世纪的人对生物学知之甚少，但你不需要懂生物学就能知道给病人放血是有害的。你可以完全精确地知道一种治疗所造成的影响，而无须了解产生这些影响的生物学机制。事实上，如果你的疾病理论推动了导致病人死亡的治疗方法，也许这是一个重新审视你的理论的好时机。18世纪的医学缺乏约翰·杜威*所说的"实验的思维习惯"（experimental habit of mind），以及20世纪某些方法论的发展，主要是随机实验的发展。②

什么是因果效应？因果推断为何如此艰难？

给华盛顿放血是否导致了他的死亡？给病人放血通常都会导致其死亡吗？20世纪一个重要的方法论发现表明，第二个问题有严格的答案，而第一个问题的答案仍在猜测之列，而且将来也会是这样。这个严格的答案是本书第二章的主题，但首要的任务是理解这两个问题：它们有什么不同？为什么它们会有不同的答案？

要问给华盛顿放血是否导致了他的死亡，则要想象和比较两个世界。在一个世界中（我们的世界，也就是这个真实的世界），华盛顿

---

① John Waller, *The Discovery of the Germ: Twenty Years That Transformed the Way We Think about Disease* (New York: Columbia University Press, 2002), 75-81.

* 约翰·杜威（John Dewey, 1859—1952），美国著名哲学家、教育家、心理学家、实用主义的集大成者，也是机能主义心理学和现代教育学的创始人之一。——译者注

② John Dewey, *Reconstruction in Philosophy* (New York: Dover, 2004), 7.

在1799年被放血，第二天就去世了。在另一个世界中，华盛顿没有被放血。在那个他没有被放血的世界中，华盛顿能活下来吗？如果华盛顿无论如何都会死于喉咙痛的并发症，那么放血就不是他死亡的原因。如果他在另一个世界中能活下来，那么放血就导致了他的死亡。放血对华盛顿生死的因果效应是对他在两个世界中生死状态的比较：一个是他被放了血，另一个是他没有被放血。最基本的问题是，我们看到了现实世界中发生的事情（他被放了血，然后死了），但我们看不到在另一个他没有被放血的世界中会发生什么。我们如何了解一个我们看不到的世界呢？

这个基本问题还只是一个问题，还有其他问题。华盛顿的另一个世界似乎是虚构出来的、规定出来的，而不是由实验而来。在这另一个世界中还会发生什么？它和真实的这个世界有什么不同？是所有18世纪的医疗手段都被禁止，让他的喉咙痛自然发展？还是只有放血这一种治疗被禁止？如果由你或我来规定在这另一个世界中什么是真的、什么不是真的，那么这另一个世界中有真的情况吗？在本书第二章中，在实验方案的规定下，这些另外的世界是我们从中提取数据的实际世界；这些可能的世界是真实而明确的。

精确问题的标记法

在给出严格的答案之前，我们必须对问题进行精确的陈述。精确的陈述只是精确的陈述；它不能解决问题。一个精确的陈述是一个框架；在其中，问题要么被解决了，要么没有解决方案，要么是不合逻辑的。如果华盛顿没有被放血，他的最终命运如何是无从得知的，但放血对病人是否有害这个问题却是有答案的。要明白这一点，我们必须用精确的语言提出这些问题。

数学家乔治·波利亚*写道：

> 解决问题的重要一步是选择标记法（notation）。这件事应该小心谨慎。我们现在花在选择标记法上的时间所得到的回报，很可能是我们以后避免犹豫和困惑所节省下来的时间……一个好的标记法应该是清晰的、内涵丰富的、容易记取的；它应避免有害的第二种意思，利用有益的第二种意思；符号的顺序和联系应该暗示事物的顺序和联系。①

放血对华盛顿生死的影响，是对他在两个世界中的命运的比较，一个世界中他被放了血，另一个世界中他没有被放血。我们称这两个世界为 T 和 C，分别代表处理（treatment）和对照（control）。在世界 T 中，华盛顿被放了血，但在世界 C 中，他没有被放血。我们关心的是华盛顿在这两个世界中的生死状态。我们用 1 表示华盛顿活到了 1800 年 1 月 13 日，0 表示他在 1800 年 1 月 13 日之前去世；所以我们谈及的是一项处理开始后他在一个月内的生死情况。我们知道华盛顿失血过多，很快就去世了。如果华盛顿没有被放血，他能活过一个月吗？

我们谈论的是华盛顿（用 w 表示）以及他在两个世界 T 和 C 中的命运。符号 r_{Tw} 表示华盛顿在这个他被放了血的世界 T 中的生死情况：如果他活到了 1800 年 1 月 13 日，则 $r_{Tw}=1$；如果他在 1800 年 1 月 13 日之前去世了，则 $r_{Tw}=0$。现在的情况是，我们看到的是这个华盛顿被放了血的世界 T，我们看到他去世了，即 $r_{Tw}=0$。同样，符号 r_{Cw} 是华盛顿在那个他没有被放血的世界 C 中的生死情况：如果他活到

---

* 乔治·波利亚（George Pólya，1887—1985），美籍匈牙利数学家。——译者注

① George Pólya, *How to Solve It: A New Aspect of the Mathematical Method* (Princeton, NJ: Princeton University Press, 1973), 136.

1800 年 1 月 13 日，则 $r_{Cw}=1$；如果他在 1800 年 1 月 13 日之前去世了，则 $r_{Cw}=0$。因果效应是这两个可能世界的结果的比较，是 r_{Tw} 和 r_{Cw} 的比较，即 $r_{Tw}-r_{Cw}$。在这里，如果华盛顿没有被放血就会活着，则 $r_{Tw}-r_{Cw}=0-1=-1$；如果他只有被放了血才会活着，则 $r_{Tw}-r_{Cw}=1-0=1$；如果无论是否被放血，华盛顿最后的生死结果都是一样的，则 $r_{Tw}-r_{Cw}=0$。

这里的困境很明显：我们看到了 $r_{Tw}=0$，即华盛顿放血后去世了，但我们看不到 r_{Cw}，也就是我们看不到他没有被放血会发生什么，所以我们无法判定到底是 $r_{Tw}-r_{Cw}=0-1=-1$，还是 $r_{Tw}-r_{Cw}=0-0=0$。换言之，我们无法算出 $r_{Tw}-r_{Cw}$，因为它涉及我们看不到的东西，即 r_{Cw}。这一标记法将一项处理所导致的效应表达为不同处理状态下潜在结果的比较，这要归功于统计学家耶日·内曼[*]和唐纳德·鲁宾[**]。

对照组能解决问题吗？

我们首先会想到，我们只需要一个对照组就够了。这种想法虽然不全错，但也不对。什么是对照组？为什么一个对照组本身在估计一项处理导致的效应时是不够的呢？如果还有对照组有用，我们还需要别的哪些对照组呢？我们来看一个最简单的情况：有两个人，一个接受处理，另一个作为对照组。我们不再讨论只有华盛顿或 w 这样一个人的情况，我们现在讨论有两个人的情况：一个是吉姆或 k，一个是詹姆斯或 j。与华盛顿的情况一样，吉姆有两个潜在结果，即 r_{Tk} 和 r_{Ck}，詹姆斯也

---

[*] 耶日·内曼（Jerzy Neyman, 1894—1981），美国统计学家。——译者注

[**] 唐纳德·鲁宾（Donald B. Rubin），美国国家科学院院士、美国科学与艺术学院院士，曾任哈佛大学统计系 John L. Loeb 讲席教授，现任清华大学丘成桐数学科学中心教授。——译者注

有两个潜在结果，即 r_{Tj} 和 r_{Cj}。该处理对吉姆的影响是她的两个潜在结果的比较，即 $r_{Tk}-r_{Ck}$，而且因为吉姆要么接受了一项处理，要么没有接受该处理，我们无法同时看到 r_{Tk} 和 r_{Ck}，所以我们不能计算她的因果效应 $r_{Tk}-r_{Ck}$。所有这一切对于詹姆斯来说也是如此：他或者属于处理组，或者属于对照组，所以我们只能看到 r_{Tj} 或 r_{Cj}，而不能同时看到两者，因此我们无法计算他的因果效应 $r_{Tj}-r_{Cj}$。

最开始，我们似乎有两个华盛顿问题：一个是吉姆的问题，一个是詹姆斯的问题，而两个问题就是两个问题，不是解决方案。然而，假设吉姆接受处理，詹姆斯进入对照组。这会有用吗？然后我们看到吉姆对处理的反应是 r_{Tk}，詹姆斯的对照反应是 r_{Cj}。转念一想，这又似乎是相关的，比华盛顿的问题更好一些；至少我们看到了每种处理下的结果。没错，我们只有吉姆和詹姆斯，两个人似乎还不够，但如果因果推断只是需要更多的人，那么事情就好办了。我们是需要更多的人，但只有更多的人是不够的。因果推断无关乎更大的数据；它关乎更好的数据。

当然，我们的转念一想——去看同时处在处理 T 和对照 C 下的人们会有些好处——解决了华盛顿问题的一个方面。对照 C 的可能世界现在是一个事实，而不再是虚构的。如果人们实际上处在对照 C 下，那么我们在对照条件 C 的定义中就没有作任何规定。

我们的计划是让一些人接受处理 T，另一些人接受对照 C，然后比较接受处理 T 和 C 的人的结果。如果每个处理组都有很多人，那么我们或可比较每一组的平均结果。对于两个人的情况，比较平均值就好像在比较吉姆的结果和詹姆斯的结果。如果吉姆被分到了 T 组，詹姆斯被分到了 C 组，那么我们估计处理效应为吉姆在 T 下的效应，即 r_{Tk}，减去詹姆斯在 C 下的效应，即 r_{Cj}，因此估计值为 $r_{Tk}-r_{Cj}$，它最大的吸引力在于，这是我们可以观察到的两个量之间的差。$r_{Tk}-r_{Cj}$ 可能错出去很多，但它是算术，不是形而上学。同样地，如果吉姆被分到了 C 组，詹姆斯被分到了 T 组，那么估计的效应就是 $r_{Tj}-r_{Ck}$，这也是我们观察到的两个量之差。这能行吗？

唉，还是不行。要想知道为什么不行，我们来假设，对于吉姆来说，在处理 T 和 C 之间无差异，即 $r_{Tk}=r_{Ck}$ 或 $0=r_{Tk}-r_{Ck}$，所以无论吉姆是接受了 T 还是 C，她的命运都一样。为了明确化，我们假设吉姆无论在 T 和 C 下都活了下来，所以 $1=r_{Tk}=r_{Ck}$ 且 $0=1-1=r_{Tk}-r_{Ck}$。我们还假设，对于詹姆斯来说，在处理 T 和 C 之间也无差异，即 $r_{Tj}=r_{Cj}$ 或 $0=r_{Tj}-r_{Cj}$，但不像吉姆，詹姆斯在两种处理下都会死掉。简而言之，我们假设施加处理 T 而不是 C 对吉姆和詹姆斯都没有任何作用，但吉姆和詹姆斯本身是不同的，无论他们接受什么处理，他们都将面临不同的命运。

这里的困难是显而易见的。吉姆和詹姆斯是不同的人，有不同的结果，所以比较处理组的吉姆和对照组的詹姆斯并不能估计任何人的因果效应，既不能估计出吉姆的效应 $r_{Tk}-r_{Ck}$，也不能估计出詹姆斯的效应 $r_{Tj}-r_{Cj}$。该处理对吉姆和詹姆斯没有效应，因此我们尝试估计的是零效应，因为吉姆为 $0=1-1=r_{Tk}-r_{Ck}$，詹姆斯为 $0=0-0=r_{Tj}-r_{Cj}$。如果我们把处理 T 分配给吉姆，把处理 C 分配给詹姆斯，那么该效应的估计值不是零，而是 $r_{Tk}-r_{Cj}=1-0=1$，因此，处理 T 误导性地似乎表现出完美的处理：它似乎拯救了所有人。如果我们把 C 分配给吉姆，把 T 分配给詹姆斯，那么处理 T 看起来就很糟糕了，即 $r_{Tj}-r_{Ck}=0-1=-1$：它似乎杀死了所有人。

在这种假想的情况下，对吉姆和詹姆斯的平均处理效应（average treatment effect，ATE）当然是零：对吉姆是 $0=r_{Tk}-r_{Ck}$，对詹姆斯是 $0=r_{Tj}-r_{Cj}$，二者的平均值为 $(0+0)/2=0$。为了计算平均处理效应，我们必须看到吉姆在处理 T 和 C 下的命运，以及詹姆斯在处理 T 和 C 下的命运，但一直以来的问题是：我们既不能看到吉姆的 $r_{Tk}-r_{Ck}$，也不能看到詹姆斯的 $r_{Tj}-r_{Cj}$，所以我们无法计算平均处理效应。

多于两个人的情况也是一样的

到目前为止，我们已经讨论了一个人（华盛顿或 w）的情况，也讨论了两个人（吉姆和詹姆斯，或 k 和 j）的情况。如果超过两人，情况并不会有什么变化。本书第二章会讨论 343 个人的情况。假设有 I 个人，其中 I 是某个数字，比如就像下一章那样 $I=343$。我们可以很自然地从 1 到 343 给每个人编号，或者一般是从 1 编号到 I。我们用小写的 i 来指代某个人，就像我们用代词一样。我们不打算这样表达，即说某件事对编号为 1 的人是正确的，对编号为 2 的人也是正确的，乃至对编号为 3 的人也是正确的，直到最后我们说它对编号为 343 的人也是正确的，因为如果我们这样谈论 343 个人，你会觉得无法忍受，我也一样。所以我们简单地说某件事对于编号为 i 的人是正确的，$i=1$，2，$\cdots$，I。也就是说，不管 i 是谁，我们都说某件事对 i 是正确的。

因果效应是一个特定的人在接受处理后的结果和同一个人在对照组条件下的结果的比较。因果推断之所以具有挑战性，乃是因为对于任何个体来说，我们永远不会看到两种结果。对于任何个体 i，如果属于处理组，则 i 的反应是 r_{Ti}；如果属于对照组，则 i 的反应是 r_{Ci}。一项处理对个体 i 的效应是 r_{Ti} 和 r_{Ci} 的比较，就如 $r_{Ti}-r_{Ci}$。因果推断的挑战在于，我们看到的只是 r_{Ti} 或 r_{Ci}，而不是两者都能被我们看到。

因果效应是一个特定的人在接受处理后的结果和同一个人在对照组条件下的结果的比较。因果推断之所以具有挑战性，乃是因为对于任何个体来说，我们永远不会看到两种结果。

第一章　处理引起的效应

对于个体 i，如果个体 i 在处理 T 和对照 C 下有相同的结果，那么处理 T 与对照 C 相比就没有影响，因此 $r_{Ti} = r_{Ci}$，因果效应为零，即 $0 = r_{Ti} - r_{Ci}$。如果这对每个人都成立——如果对于 $i = 1, 2, \cdots, I$，均有 $r_{Ti} = r_{Ci}$——那么在 I 个人的有限总体中，处理 T 与对照 C 相比对每个人都没有影响。

在 I 个个体的总体中，$i = 1, 2, \cdots, I$，平均处理效应是 I 个因果效应的平均值，即 $r_{T1} - r_{C1}$、$r_{T2} - r_{C2}$、$\cdots$、$r_{TI} - r_{CI}$ 的平均值。ATE 是 I 个数的平均值，但是这些数都没有被观察到。

用公平的硬币来决定对人们的处理分配

如果我们通过投掷硬币决定是吉姆还是詹姆斯接受处理，会发生一件奇怪的事情。一枚公平的硬币就像一个公平的彩票：它不管是吉姆还是詹姆斯，也不管他们的其他属性，它出现正面的概率就是二分之一。如果投掷硬币所得的结果是正面朝上，则吉姆接受处理 T，詹姆斯接受对照 C，估计效应为 $r_{Tk} - r_{Cj} = 1 - 0 = 1$。如果投掷出的结果是反面朝上，则詹姆斯接受处理 T，吉姆接受对照 C，估计效应为 $r_{Tj} - r_{Ck} = 0 - 1 = -1$。正确的答案是零——对吉姆和詹姆斯都没有影响——但无论硬币怎么出现，我们都得到了错误的答案：正面朝上得到的是 1，反面朝上得到的是 -1。令人惊奇的事实是，如果我们能以某种方式对正面朝上和反面朝上的结果取平均值，那么我们就会得到正确的答案，即 $0 = 1 \times \frac{1}{2} + (-1) \times \frac{1}{2}$。这个令人惊奇的事实有用吗？

看起来没什么用。我们可以看到硬币正面朝上的世界，也可以看到硬币反面朝上的世界，但我们不能同时看到两个世界，所以我们不能令每个世界的概率都是 1/2，然后取两个世界的平均值。我们不知道硬币是正面朝上还是反面朝上，但我们知道，无论硬币哪一面朝上，我们都会得到错误的答案——而不是零效应。这看起来没什么用，起码一开始没用。

在人类所有的美德中，最被低估的是坚持不懈。假设我们有很多对个体，不只是吉姆和詹姆斯，再假设我们一次又一次投掷硬币，每对个体掷一次，根据正面和反面出现的情况，在一对又一对个体中分配处理 T 或对照 C。最后，假设该处理对这些人中的任何一个都没有效应，那么我们仍然试图估计没有效应的零结果。

在这种情况下，对很多对个体掷了很多次硬币，我们要问的问题是：0 是否等于在 T 条件下个体的平均反应减去在 C 条件下个体的平均反应？答案是否定的，但是这两个平均值的差值会接近于 0，除非我们极其不幸运，得到的是一个极其不可能的投掷硬币序列。现在，投掷硬币看起来就很有用了。当一项处理没有因果效应时，我们可以从实验数据中看到和计算出的结果很有可能接近于 0。我们是只能看到一个真实的世界，但我们可以了解到我们无法看到的可能世界，而要了解未实现的可能世界所需要的只是反复投掷一枚公平的硬币来分配处理即可。鉴于这听起来很有用，我们应该停下来进一步理解它。

前提是一项处理是无效的，所以我们试图估计该处理效应为 0。我们以后还会估计其他情况，但现在，我们且在这个前提下工作，直到达到为 0 的目标时我们得偿所愿。因此，贯穿本节余下几段的前提是，处理效应为 0。如果该处理对不同对中的所有个体都没有效应，那么每个个体的两种潜在结果就是相等的。对于任何个体，比如个体 i，其两种可能的结果相等，即 $r_{Ti} = r_{Ci}$，而因果效应为 0，即 $0 = r_{Ti} - r_{Ci}$。

如果该处理没有效果，就像我们假设的那样，那么这些个体对被分为三种类型,但总是有 $0=r_{Ti}-r_{Ci}$。在第一种类型的个体对中,两个人都能存活下来,而无论是接受处理 T 还是对照 C。对于这两个个体,两种潜在的结果是相等的,两个人都活了下来,即 $r_{Ti}=r_{Ci}=1$。无论硬币哪一面朝上而把 T 和 C 分配给了谁,处理组和对照组的响应差异均为 $1-1=0$。

在第二种类型的个体对中,无论接受 T 还是 C,两个人注定都会死。对于这两个人来说,两种潜在的结果都是 0,即 $r_{Ti}=r_{Ci}=0$。在这第二种类型的个体对中,无论硬币投掷出来的结果如何,被分配到 T 的人的结果和被分配到 C 的人的结果之差均为 $0-0=0$。

第三种类型的个体对类似于吉姆和詹姆斯:一个人活着,另一个人死了,从 T 切换到 C 对任何一个人都没有发生改变。在这里,重要的是,掷出一枚公平硬币会将一个人分配给处理 T,将另一个人分配给对照 C。在这样的对中,如吉姆和詹姆斯,被分配到 T 的人的结果与被分配到 C 的人的结果之差有 1/2 的概率是 $1-0=1$,1/2 的概率是 $0-1=-1$。在许多这样的对中,1 和 -1 的平均值趋向于 0,这是因为概率论中有一个叫做大数定律的定理。一半情况下,我们会得到 1;一半情况下,我们会得到 -1。这样反复做,大量的硬币投掷所得的平均值不可能离 0 太远。

现在考虑被随机分配到 T 的个体与被随机分配到 C 的个体中活下来的个体的比例。无论硬币如何下落,第一种类型的个体对和第二种类型的个体对在比例上的差总是为 0。第三种类型的个体对贡献了一个随机的量:一半机会是 1,一半机会是 -1,这取决于硬币如何下落。所以,在 T 和 C 条件下存活下来的总人数的差是由很多 0 组成的(对于第一种类型的个体对和第二种类型的个体对而言),还由很多随机的 1 或 -1 组成,这取决于硬币在每一次新的投掷中的下落方式。用总数除以个体对的数目——也就是投掷硬币的次数——即可得到 T 和 C 条件下存活者的比例之差。随着个体对数目的增加,比例之差逐渐接近于 0,因为 1 的个体对之差抵消了 -1 的个体对之差。这种抵消是不完全的,因为硬币投掷是随机的,但随着投掷次数的增加,这一比例之差的抵消由于大数定律而趋于完美。因此,在没有处理效应的情况下,处理组 T 和对照组 C 存活率的差异趋于 0。

这个论证花了好几个段落,让我们重述一下。当只有一对个体吉姆和詹姆斯时,我们考虑投掷一枚硬币,让其中一人接受处理 T,另一人接受对照 C;如果我们取正面和反面的平均值,这是正确的,但无论硬币如何下落,答案都是完全错误的。不过,我们不停地重复。如果我们用很多个体对和很多次投掷硬币来做这件事,对具体的一对和一次投掷硬币不起作用的事情就起作用了。对于一次硬币投掷,平均正确没有任何意义,因为正面和反面的答案都是错误的。在投掷硬币次数很多的情况下,平均正确意味着一切,因为平均正确意味着随着投掷硬币次数的增加,我们的错误趋向于抵消,平均为 0。

一次硬币投掷和多次硬币投掷之间的区别并不神秘或神奇。这种区别与硬币有关,与具体的因果推断则毫无干系。这是一个赌徒和一个赌场的区别之一。赌徒得到一些嘈杂而不稳定的东西,有时赢,有时输,有时高兴而归,有时悲伤难过。赌场会赢一些赌注,也会输一些,但最终得到的是平均水平。赌场从不赌博;它们总是取得平均水平。赌场的艺术就是给每个人提供有利于赌场的稍微不公平的赌博,然后收取平均水平。开赌场是很无聊的,但其方式令人愉快;赌场总是会赢,至少平均而言是这样,如果投掷了很多次硬币,平均结果总是在那里。魔法并不在硬币上。神奇之处在于将因果推断简化为投掷硬币,通过投掷硬币来观察可能从未发生过的世界。

因此，假设一枚公平的硬币被反复投掷，基本的因果推断是可能做出来的，甚至是常规的做法。有足够多的硬币对足够多的人投掷，没有效果看起来就会像没有效果。公平的硬币是必不可少的；若是没有这一点，论证就站不住脚了。如果有人看着吉姆说："你看起来像那种会从处理 T 中受益的人，"然后转向詹姆斯说，"我不喜欢你的长相，所以你要进对照组 C"，那么一切就完了。如果不公平地分配处理，你可能会对这些处理的效果产生误解，就像我们已经看到的那样。

简而言之，因果效应比较可能世界中的潜在结果，但我们只看到一个实际世界。一开始，这似乎是个问题。我们如何从一个已经发生的现实世界中了解尚未发生的可能世界呢？最后，我们做了一件相当激进的事情：通过投掷硬币来决定现实世界。对于许多对受试者，我们通过投掷硬币来决定每对受试者中谁接受处理、谁作为对照组。这激进的一步意味着，我们实际看到的世界——真实的世界——是从许多可能的世界中随机挑选出来的。投掷硬币的各种性质把现实世界中的某些平均值拉向了可能世界中的某些平均值，这些性质中最值得一提的是应用于投掷硬币的大数定律。简而言之，我们可以从一个现实世界中推断出许多可能世界的某些方面，因为现实世界实际上是通过一次又一次地投掷硬币而建立起来的。本书第二章将探讨这一主题。

平均处理效应（ATE）

如果我们用投掷硬币来分配处理，我们就可以识别出没有效果的处理。那么，有效果的处理呢？

无论一项处理是否影响吉姆或詹姆斯，该处理对吉姆和詹姆斯的平均效应都等于吉姆的效应 $r_{Tk} - r_{Ck}$ 加上詹姆斯的效应 $r_{Tj} - r_{Cj}$，再除以

2，即 ATE=(1/2)×[(r_{Tk}−r_{Ck}) + (r_{Tj}−r_{Cj})]。如果该处理对吉姆和詹姆斯都没有效果，则 ATE=0。如果 ATE =1/2，那么施予 T 而不是 C 可以挽救吉姆或詹姆斯其中一人的生命，但不会使另一个人存活。与前面一样，ATE 无法计算，因为我们只能看到吉姆的 r_{Tk} 或 r_{Ck}，但不能同时看到两者，只能看到詹姆斯的 r_{Tj} 或 r_{Cj}，但也不能同时看到两者。

如果我们对吉姆和詹姆斯每个人都施予该处理，那么我们会观察到每个人对该处理的平均反应，即 r_{T+} = (r_{Tk}+r_{Tj})/2。相反，如果我们让每个人都进入对照组，那么我们将观察到进入对照组的平均反应，r_{C+} = (r_{Ck}+r_{Cj})/2。如果每个人都接受处理，我们可以看到 r_{T+}，如果每个人都进入对照组，我们可以看到 r_{C+}，但我们不能同时看到 r_{T+} 和 r_{C+}，之所以如此，与我们不能看到 ATE 的原因相同。对这些表达式进行重新排列，得到 r_{T+}−r_{C+} = ATE。[1] 这是将同样的代数重新排列，即对于一个班的 30 个学生，他们期中和期末 30 个成绩差值的平均值可以计算为期中 30 个成绩的平均值减去期末 30 个成绩的平均值的差值；不管你是先减去，然后求平均值，还是先平均，然后再减去，结果都是一样的。

代数重新排列证明了两个我们看不到的量与 ATE 之间的等式关系：r_{T+}−r_{C+}=ATE。这有用吗？一开始看起来是没什么用。

---

[1] 只要重新排列相加的顺序，就可得到 r_{T+}−r_{C+}=(1/2)×(r_{Tk}+r_{Tj})−(1/2)×(r_{Ck}+r_{Cj})=(1/2)×(r_{Tk}−r_{Ck})+(1/2)×(r_{Tj}−r_{Cj})=ATE。重新排列得到 ATE=(1/2)×(r_{Tk}−r_{Cj})+(1/2)×(r_{Tj}−r_{Ck})，这是投掷硬币所得正面和反面的平均值，正面把吉姆纳入处理组、把詹姆斯纳入对照组，反面则把詹姆斯纳入处理组、把吉姆纳入对照组。类似的重新排列适用于两个以上的个体。

第二章

随机实验

埃博拉病毒性疾病的最初症状类似于流感的症状:发烧、疲劳、头痛、肌肉疼痛和喉咙痛。接着是呕吐、腹泻、肝肾功能减退、内外出血、牙龈出血、便血。半数感染者可能会死亡。①

萨布·穆兰古(Sabue Mulangu)、洛丽·多德(Lori Dodd)、小理查德·戴维(Richard Davey Jr.)和他们的同事进行了一项随机临床试验,比较了埃博拉病毒性疾病的几种治疗方法。该试验由金沙萨大学

---

① World Health Organization, "Ebola Virus Disease," February 23, 2021, https://www.who.int/news-room/fact-sheets/detail/ebola-virus-disease.

(Kinshasa University) 与美国国家过敏和传染病研究所 (US National Institute of Allergy and Infectious Diseases) 联合开展, 于 2018 年 11 月—2019 年 8 月在刚果民主共和国进行。它被称为 PALM 试验, 这个首字母缩写来自斯瓦希里语, 意思是"一起拯救生命", 这是一个描述随机临床试验的恰当短语。我对这次试验的讨论简化了它的一些特点。①

PALM 试验比较了 ZMapp 和 mAb114 这两种名字不太好记的药物。第一种药物 ZMapp, 是从免疫小鼠身上由几个单克隆抗体提取而来的; 在对非人类灵长类动物的实验中, 这种药物似乎是有效的。第二种药物 mAb114, 是从一名埃博拉疫情幸存者所获得的单克隆抗体中提取的。这似乎也适用于非人类灵长类动物。哪种药物对人体更好? 哪种药物能挽救更多生命?

战斗中真正的英雄是参加战斗的士兵。临床试验的真正英雄是参与试验的病人。是参与试验的病人更健康, 还是没有参与试验的病人更健康? 我们愿意这样想象: 所有的医疗保健提供者都把我们的健康作为首要任务, 而经济利益远远排在第二位。无论我们对非实验性医疗保健作何想象, 肯定有更多人在关注由美国国立卫生研究院 (National Institutes of Health) 赞助的临床试验中到底发生了什么。在 PALM 试验中, 治疗计划和研究设计由两个伦理委员会审查, 一个在金沙萨大学, 另一个在美国国家过敏和传染病研究所。要参加试验, 患者 (或家长)

---

① 关于这些简化的特点, 请参见 Sabue Mulangu, Lori E. Dodd, Richard T. Davey Jr., Olivier Tshiani Mbaya, Michael Proschan, Daniel Mukadi, Mariano Lusakibanza Manzo, et al., "A Randomized, Controlled Trial of Ebola Virus Disease Therapeutics," *New England Journal of Medicine* 381, no. 24 (2019): 2293–2303; Michael A. Proschan, Lori E. Dodd, and Dionne Price, "Statistical Considerations for a Trial of Ebola Virus Disease Therapeutics," *Clinical Trials* 13, no. 1 (2016): 39–48.

需要签署书面同意书。有一个独立的委员会，或称"数据和安全监测委员会"，密切关注研究者以及患者的结果。在 PALM 试验中，根据精心计划的中期分析，数据和安全监测委员会提前终止了两种不太成功的治疗方法，因此没有更多的患者接受这些治疗。

这两个伦理委员会实际上是做什么的呢？他们的工作之一是检查被比较的处理组之间的平衡。亚历克斯·伦敦（Alex London）写道，

> 平衡原则指出，如果对一组干预措施在治疗、预防或诊断上的相对优点存在不确定性或相互冲突的专家意见，那么只要没有一致意见认为替代干预措施会更好地促进参与者的利益，就允许分配参与者接受这组干预措施……平衡的存在可以确保每个参与者接受的干预措施至少会被合理少数的知情临床专家推荐或使用。[①]

约翰·吉尔伯特（John Gilbert）、理查德·莱特（Richard Light）和弗雷德里克·莫斯特尔勒（Frederick Mosteller）指出，

> 当我们反对对人进行对照田野试验时，我们需要考虑社会上实际在采用的替代方案……我们花了钱，经常把人们置于危险之中，却得不到什么东西。这种随意的方法并不是在人身上"实验"；相反，它是在愚弄人。[②]

拿人类做实验和愚弄人类之间的对比，就像 PALM 试验和被放血的乔治·华盛顿之间的对比。

---

① Alex John London, "Equipoise in Research: Integrating Ethics and Science in Human Research," *Journal of the American Medical Association* 317, no. 5 (2017): 525.

② John P. Gilbert, Richard J. Light, and Frederick Mosteller, "Assessing Social Innovations: An Empirical Base for Policy," in *Evaluation and Experiment: Some Critical Issues in Assessing Social Programs*, ed. Carl A. Bennett and Arthur A. Lumsdaine (New York: Academic Press, 1975), 149–150.

随机对照实验

PALM 试验使用 ZMapp 治疗 169 例患者，使用 mAb114 治疗 174 例患者。如何选择患者使用一种药物还是另一种药物？给病人分配药物是通过一种真正随机的装置完成的——实际上，就是投掷一枚公平的硬币。在平衡状态下——即不知道更好的治疗是哪种方案时——试验是公平的：每个病人都有同样的机会接受更好的治疗，不管更好的治疗是哪一种。ZMapp 药物显然是较差的治疗方法，因此及早就被停用了。试验没有偏袒任何人：一个人的任何属性都不能预测他所受到的治疗待遇；是接受 mAb114 而不是 ZMapp，纯粹是因为运气好。较差的治疗方法 ZMapp 只花了 10 个月就被抛弃，而不是花上 20 个世纪之久；而较好的治疗方法 mAb114，在 PALM 试验中被施予了一半的患者，然后才知道它是更好的。

为什么要随机分配处理？

有几个密切相关的原因。首先考虑最简单的原因，尽管它不是最重要的原因。在已发表的关于 PALM 试验的报告中，第一张表——所谓的平衡表——就治疗前的病情比较了两组接受 ZMapp 或 mAb114 的患者。在治疗前描述个体的量称为协变量，因此平衡表描述的就是协变量。例如，一个人在治疗开始时的年龄是一个协变量，因为接受 ZMapp 而不是 mAb114 不会改变年龄。由于协变量描述了治疗前的个体，我们知道它的值不受个体尚未接受的治疗的影响。

平衡表揭示了什么呢？正如人们所预期的那样，在一个公平的彩票中，174 张中 mAb114 奖的彩票和 169 张中 ZMapp 奖的彩票在治疗前并没有太大的区别。毕竟，我们通过投掷硬币将一例患者分配给ZMapp，将另一例患者分配给 mAb114，所以治疗前的任何差异都是偶然的。该研究的对象包括成人、儿童甚至若干出生不到 7 天的新生儿，而两个处理组的平均年龄相似：ZMapp 组 29.7 岁，mAb114 组 27.4 岁。这些组在性别、体重、疫苗接种史、当前疾病的性质和强度、血液化学成分和生命体征方面也相似。所发布的这张表比较了总共 27 项基准指标，一次又一次地表明处理前两组相当相似。

下面再来考虑性别情况。在 ZMapp 组，169 例患者中有 87 例为女性，占 51.5%。在 mAb114 组中，174 例患者中有 98 例为女性，占 56.3%。性别是一个协变量；被分配到 ZMapp 而不是 mAb114，并不会改变任何人的性别。因此，51.5% 和 56.3% 的女性比例差异是由偶然性（即公平硬币掉落的方式）所致。我们可以说得更准确一些。我们当然可以再次投掷硬币 343 次 = 169 次 + 174 次，产生一个新的 ZMapp 组和一个新的 mAb114 组，这个新的随机分配在每个组中都有一定比例的女性。使用电脑，我们可以做上很多次，甚至上百万次。如果我们建立了数百万个随机实验，每个实验都投掷 343 枚硬币，那么我们就会确切地知道投掷硬币对 ZMapp 组和 mAb114 组女性比例的影响。实际的 PALM 试验完全是这数百万个实验的代表：在这数百万个实验中，39% 的实验在女性比例上产生了比 PALM 试验中实际发生的更大的差异，61% 的实验产生的差异更小。如果试验规模更大，女性比例的 51.5% 和 56.3% 的差异可能会更小，这也是由大数定律所致。临床试验通常要报告平衡表，也许是为了炫耀研究人员在平衡协变量方面的成功，也许是为了证明他们在研究过程中没有把事情搞砸；然而，我们知道硬币投掷对协变量的影响，而不需要看平衡表。硬币投掷可以用数学方法来研究，所以我们不需要运行计算机来了解公平硬币的作用。

如果我们的目标是比较两组具有相同年龄分布的患者，那么我们可以得到平均年龄比 29.7 岁和 27.4 岁更接近的组；然而，这不是我们的目标。为了得出更接近的平均年龄，我们必须在分配处理时使用年龄这个变量。我们不得不说："到目前为止，ZMapp 组的平均年龄有点太高了，所以下一个 40 岁以上的患者应该分配到 mAb114 组，下一个 20 岁以下的患者应该分配到 ZMapp 组。"问题是，我们可以对年龄或其他我们所测量的协变量这样做，但关于原因和结果的争论总是涉及一些未测量的协变量。该研究的一位批评者承认："的确，从平衡表上看，两组之间是具有可比性的，但这些表象具有欺骗性，因为两组之间的差异可能在于某一个特定的协变量，而这个协变量没有被测量。"也许，该批评者还会提到一些研究人员没有测量或想到的基因变异，这种变异将会在十年后被发现。

由于 PALM 试验的研究人员使用硬币投掷来分配治疗方法，他们可以对这位批评者提出的担忧进行强有力的反驳。他们会说："我们有充分的理由相信，没有理由怀疑，就你推测的十年后将被发现的基因变异而言，两个处理组是可以比较的。我们向你展示了观测到的协变量的平衡表，以使你放心，但我们没有参与创建你在那里看到的可比性。你在平衡表中看到的是公平硬币的作用。这些硬币平衡了年龄、性别和血液化学成分，但硬币对年龄、性别和血液化学成分一无所知。所以这些硬币可能也平衡了你说的基因变异。"

对未测量的协变量的担忧所作的这一有力的反驳，是随机化处理分配的第二个也是更重要的原因。任何人都可以设计一个实验来平衡观测到的协变量，比如年龄。设计一个实验来平衡一个十年后才会被发现的协变量，需要做一些工作。随机化平衡了两个协变量。随机化倾向于平衡观测到的协变量，这是一种便利，但它平衡未测量的协变量和那些在未来几十年都不会被发现的协变量，则是一个小奇迹。

随机化倾向于平衡观测到的协变量，这是一种便利，但它平衡未测量的协变量和那些在未来几十年都不会被发现的协变量，则是一个小奇迹。

随机化处理分配和因果推断

这是随机化处理分配的第三个也是最重要的原因。如第一章所述，随机化是因果推断的基础。随机实验中的因果推断理论是由罗纳德·费歇尔爵士*在20世纪20年代提出的。这一理论的两个方面将在接下来的两个部分中进行探讨：估计平均处理效应和检验无因果效应假说。

随机化不只是平衡协变量。它还平衡了潜在的结果（r_{Ti}，r_{Ci}），$i=1, 2, \cdots, I$，这些潜在结果定义了因果效应。硬币投掷不关心第 i 个人是谁，它不管他们是谁，只管给他们公平地分配处理。尤其是，硬币投掷不关心第 i 个人的命运是分配到了处理组还是对照组——它们不关心（r_{Ti}，r_{Ci}）——所以，它们倾向于在处理组和对照组中平衡（r_{Ti}，r_{Ci}）。这是处理组和对照组的平均响应差异估计了平均处理效应（ATE）的原因。

估计平均处理效应

处理对个体 i 的效应是对个体响应 r_{Ti} 和 r_{Ci} 的比较，如果接受处理 T，他就会表现出 r_{Ti}，如果同一个体接受对照 C，他的响应就是 r_{Ci}。在 PALM 试验中，主要结果是治疗开始后存活 28 天：1 表示存活，0 表示死亡。将 mAb114 作为处理 T，将 ZMapp 作为处理 C。如果施予 mAb114，每例患者都有一个潜在的存活结果 r_{Ti}；如果施予 ZMapp，每例患者都有一个潜在的存活结果 r_{Ci}。特别是当 $r_{Ti}=1$，$r_{Ci}=0$ 时，

---

* 罗纳德·费歇尔爵士（Sir Ronald Fisher，1890—1962），著名统计学家，现代统计学的奠基人之一。——译者注

mAb114 可以挽救 i 的生命。我们的问题是：对于任何一个个体 i，我们可以看到的只是 r_{Ti} 或 r_{Ci}，而不是两者都能看到。就像华盛顿一样，对于任何一个人 i，我们只能推测这个人在没有接受一项治疗的情况下的存活情况。对于个体的总体来说，实验取代了推测。

对于 $I=343$ 例接受 mAb114 或 ZMapp 治疗的患者，对于个体 $I=1, 2, \cdots, 343$，其平均处理效应为 343 个效应 $r_{Ti}-r_{Ci}$ 的平均值，而这 343 个效应均未被观察到。我们无法从 PALM 试验的数据中计算出平均处理效应；我们需要进行计算的东西不在其中。

在第一章的最后，常规的代数证明，平均处理效应等于另外两个我们无法计算的量之差。具体来说，$\text{ATE}=r_{T+}-r_{C+}$，其中 r_{T+} 是 $I=343$ 例患者中如果全部施予 mAb114 将会存活的比例，r_{C+} 是 $I=343$ 例患者中如果全部施予 ZMapp 将会存活的比例。我们看不到 r_{T+}，因为 343 例患者中只有 174 例接受了 mAb114，我们也看不到 r_{C+}，因为 343 例患者中只有 169 例接受了 ZMapp。常规的代数对于因果推断是不够的。

尽管如此，PALM 试验还是具备了因果推断的条件。虽然我们没有看到所有 $I=343$ 例患者在 mAb114 治疗下的存活率，但我们确实看到了 343 例患者中大约随机一半——准确地说是 174 例患者——的存活率。在接受 mAb114 治疗的 174 例患者中，113 例存活至 28 天，61 例死亡，因此存活的比例为 $113/174=64.9\%$。样本占比不是 r_{T+}，因为 r_{T+} 是从所有 $I=343$ 例患者中计算出来的，但直觉表明，这是对 r_{T+} 的一个很好的估计值。我稍后会讨论为什么这种直觉是正确的。与此同时，接受 ZMapp 治疗的 169 例患者中，85 例存活至 28 天，84 例死亡，因此存活比例为 $85/169=50.3\%$。同样，样本占比不是 r_{C+}，因为 r_{C+} 取决于所有 343 例患者，但样本占比是 r_{C+} 的可信估计值。平均处理效应为 ATE＝$r_{T+}-r_{C+}$，因此，合理的 ATE 估计值为 $0.649-0.503=0.146$，或者如果施予 mAb114 而不是 ZMapp，存活率将提高 14.6%。

从什么意义上说，$113/174=64.9\%$ 是所有 343 例患者都被施予了 mAb114 的合理存活率 r_{T+} 的估计值呢？令人欣慰的是，我们看到 mAb114 下的存活率略高于 343 例患者的一半，但事实上，我们不应该为此感到安慰。如果将 mAb114 施予 174 例最年轻的患者、174 例低烧患者，或 174 例病毒载量最低的患者，那么 $113/174=64.9\%$ 将是对所有 343 例患者都施予 mAb114 的糟糕估计值。$113/174=64.9\%$ 是 mAb114 下存活率 r_{T+} 的合理估计值的原因，乃是因为这 174 例患者是被随机挑选施予 mAb114 的。与随机选择相比，给 174 例低烧患者服用 mAb114 难以想象地糟糕。从 343 人中选择 174 人接受 mAb114 的方法有 7.4×10^{101} 种，从发烧不平衡的角度来看，选择 174 例低烧患者是最糟糕的选择方法。难以想象随机选择会产生如此糟糕的结果。随机化很可能会平衡发烧，确实如此，处理前体温在 mAb114 组为 37.4 摄氏度，在 ZMapp 组为 37.5 摄氏度。

比平衡发烧更重要的是，随机化可能会平衡 mAb114 下的潜在存活率 r_{Ti}。正是这一点使得 $113/174=64.9\%$ 是一个很好的比例估计值，如果所有 343 例患者都接受了 mAb114 治疗，这个比例的人数将会存活下来。在处理前体温这样的协变量下，我们看到了两组的值：mAb114 组的体温为 37.4 摄氏度，ZMapp 组的体温为 37.5 摄氏度，但如果只记录了 mAb114 组的体温，我们也不会错过太多。同时，通过观察 mAb114 组内随机 174 例患者的存活率 r_{Ti}，我们并没有错过太多关于 mAb114 组内所有 343 例患者存活率 r_{T+} 的信息。

第一章考虑用投掷硬币的方式让吉姆或詹姆斯其中一个接受处理，另一个接受对照。对平均处理效应的估计值是：如果硬币出现正面，则处理组的吉姆减去对照组的詹姆斯，$r_{Tk}-r_{Cj}$，或者如果硬币出现反面，则处理组的詹姆斯减去对照组的吉姆，$r_{Tj}-r_{Ck}$。不管硬币是正面还是反面，这个估计值都远远偏离了目标。然而，有一个奇怪的事实。如果我们能做我们无法做到的事，也就是求得正面或反面两种情况下概率都是 1/2 的平均值，那么正面和反面的平均值就等于 ATE。用这种方法对硬币投掷求平均值，就是计算所谓 ATE 估计值的期望，所以我们发现，所估计的期望等于我们想估计的量，即 ATE。具有这种性质的估计值被称为是"无偏的"，这是一个技术术语。因此，把吉姆和詹姆斯的比较作为 ATE 的估计值是无偏的，但它太不稳定了，太依赖于硬币投掷得到的是正面还是反面，所以并无用处。

PALM 试验保留了吉姆和詹姆斯比较的优点，并消除了其缺点。在 PALM 试验中，ATE 的估计值是无偏的，就像我们投掷硬币决定吉姆或詹姆斯接受处理一样，但在 PALM 试验中，估计值更稳定。获得一个无偏的估计值是其中困难的部分——这需要随机分配处理——但稳定该估计值需要更多的人和更多次的硬币投掷。

确切地说，这意味着什么呢？ATE 的估计值，即 $0.649-0.503=0.146$，是无偏的。也就是说，如果我们以 7.4×10^{101} 种方式平均选择 343 人中的 174 人施予 mAb114，每种方式的概率相等，那么处理组和对照组中存活者比例的差异将平均等于 ATE。[①] 为吉姆和詹姆斯投掷一枚硬币和在 PALM 试验中投掷 343 枚硬币之间的差异，是赌徒和赌场之间的差异。在第一章中，我们假设吉姆在两种处理下都活了下来，詹

---

① 在这一段和其他地方，我忽略了一个小的技术问题：投掷一枚公平硬币 343 次与从 343 例患者中随机抽取 179 例患者并不完全相同。参见 William G. Cochran, *Sampling Techniques*（New York: John Wiley and Sons, 1977）。由于这不是一本技术性较强的书，我在后面对其他一些次要的技术问题一笔带过，不再附加脚注说明。

姆斯在两种处理下都死了，所以两种处理的效果没有差异。在这种情况下，对于吉姆和詹姆斯来说，随着硬币从正面变为反面，ATE 的估计值将从 100% 存活变为 100% 死亡。由于 PALM 试验中的样本量较大，所以 mAb114 组和 ZMapp 组中存活的样本比例差异更稳定。在 PALM 试验中，不同的硬币投掷会为 mAb114 挑选不同的人，因此对 ATE 会得到不同的估计值，但 343 次硬币投掷产生的估计值与 ATE 相差甚远的可能性很小。

下面这个故事讲的是一位数学家，他被问到如何将一本书从桌子上移到地板上。他回答说："我会拿起书，弯下腰，当书离地板很近时，我会把它放下来。"然后有人问他如何把书从椅子上移到地板上。他回答说："我会弯下腰，从椅子上拿起书，站直，把书放在桌子上，从而把这个新问题简化成我以前解决过的问题。"

根据这位数学家的合理建议，随机处理分配将一个看似无法解决的问题简化为一个以前已经解决的常规技术问题。在第一章中，看似无法解决的问题是如何观察到从未发生过的可能世界，并将这些未实现的可能世界与实际世界中发生的事情进行比较。因果效应是将已经发生的事情与如果人们接受不同的处理会发生的事情进行比较。随机化处理分配将这个问题简化为一个小的技术问题，即根据某一总体的概率样本对该总体进行推断。[1] 换句话说，如果我们设计一个实验，使实际世界是从一组可能的世界中随机抽取的，那么我们可以对从未实现过的世界的某些方面进行推断。例如，我们可以在足够大的随机试验中估计处理的平均效应，误差可以忽略不计。

---

[1] Cochran, *Sampling Techniques*, chapter 2.

检验无因果效应假说

无因果效应假说认为,有些人存活,有些人死亡,但接受 mAb114 治疗而不是 ZMapp 与此无关。在 174 例接受 mAb14 治疗的患者中,113/174＝64.9％存活了 28 天,在 169 例接受 ZMapp 治疗的病人中,有 85/169＝50.3％存活了 28 天。这是无因果效应假说为错误假说的确凿证据吗?这种差异可能是由偶然性——一系列运气不好的硬币投掷将人们分配给了 mAb114 或 ZMapp——而不是由治疗引起的效应吗?

在 PALM 试验中,我们看到了几个我们知道是由硬币正面或反面掉落的偶然性造成的差异。硬币投掷显示,ZMapp 组中有 87 名女性和 82 名男性,其中 87/(87＋82)＝51.5％的比例为女性。硬币投掷将 98 名女性和 76 名男性纳入 mAb114 组,因此该组女性的比例为 98/(98＋76)＝56.3％。这种差异,4.8％＝56.3％－51.5％,是由偶然性,即硬币一次又一次下落的特殊方式造成的。存活率的差异,14.6％＝64.9％－50.3％,是否也可能是由偶然性,而不是处理效应造成的呢?

显然,存活率的差异确实可能是由偶然性所致,前提是我们接受任何逻辑上可能的东西现实中也可能。当然,没有人会这样做;如果你那样想的话,你就连过马路也做不到了。许多逻辑上可能的事情都是不可思议的。

在 343 例患者中,有 113＋85＝198 例存活者,或比例为 198/343＝57.7％。在 343 例患者和 198 例存活者的总体中,如果没有处理效应,从逻辑上讲,一系列硬币投掷可能会选择 174 例患者和 113 例存活者施予 mAb114,也可能选择 169 例患者和 85 例存活者施予 ZMapp。事实上,这种情况可能以多种方式发生。实际上,有 1.51×10^{99} 个不同的 343 个正面和反面序列正是这样做的。尽管 1.5×10^{99} 乍一看似乎是一个令人印象深刻的大数字,但有 7.4×10^{101} 个 343 次硬币投掷序列,可以选择 174 例患者施予 mAb114。存活率的差异为 14.6%＝64.9%－50.3%,这可能是偶然造成的吗？这个问题显然比逻辑上的可能性更重要。

认为 mAb114 和 ZMapp 的效果没有差异的假说到底是什么呢？简单地说,我们经常谈到无因果效应假说,但我们的意思是,处理和对照情况的效果并没有什么不同。这一假说表明,343 例患者中的每一例患者 i,无论施予 mAb114 还是 ZMapp,存活到 28 天的情况都是相同的。如同第一章所述,我们把 mAb114 写为 T,把 ZMapp 写为 C,无因果效应假说声称,对于每个 i,都有 $r_{Ti}=r_{Ci}$,$i=1,2,\cdots,343$。这个假设通常被称为"费歇尔无因果效应假说",因为它在他的随机实验理论中发挥了重要作用。关于硬币投掷,你必须相信些什么才能认同这个假说？如果这一假说是真的,14.6%＝64.9%－50.3% 的存活率差异会是一个常见的事件（比如在一枚公平硬币的两次投掷中得到两个正面）,还是一个相当罕见的事件（比如投掷硬币七次得到七个正面）？

在一枚公平硬币的两次投掷中有两个正面的概率是 $(1/2)^2=1/4$,但在一枚公平硬币的七次投掷中有七个正面的概率是 $(1/2)^7=0.0078$。如果 1 000 人投掷两次公平的硬币,我们预计 250 人会得到两个正面。如果 1 000 人投掷七次公平的硬币,我们预计只有不到 8 人能得到七个正面。掷硬币七次得到七个正面,是怀疑硬币是否公平的理由,但掷硬币两次得到两个正面并不是怀疑硬币是否公平的理由。

PALM 试验中的存活率类似于两次投掷中两个正面还是七次投掷中七个正面？如果在所有 343 例患者中,mAb114 和 ZMapp 之间没有差异,那么 14.6% 的存活率差异是罕见还是常见事件呢？

在这一点上,有两个细节需要注意。事实上,mAb114 以 14.6% 的优势击败了 ZMapp。如果 mAb114 以大于 14.6% 的优势击败 ZMapp，那么我们的印象会更深刻。因此，我们真正在考虑的是差异等于或大于 14.6% 的概率，而不是差异正好等于 14.6% 的概率。此外，在试验之前，我们并不知道 mAb114 会是胜出者。如果 ZMapp 以 14.6% 的优势获胜，那么我们就将讨论 ZMapp 至少以 14.6% 获胜的可能性。

我们来修正这两个细节，修正后的问题是：如果 mAb114 和 ZMapp 的效果没有差异，那么单是投掷硬币在存活方面产生明显差异的可能性有多大？是正的还是负的？与我们实际看到的差异一样大还是更大？事实证明，答案是 0.008 3。在 PALM 试验中，存活率的差异更接近于一枚硬币投掷七次得到七个正面，其概率为 $(1/2)^7=0.007\ 8$，而不是两次投掷得到两个正面，其概率为 $(1/2)^2=0.25$。在 mAb114 导致的死亡率没有真正降低的情况下，要产生 $14.6\%=64.9\%-50.3\%$ 的存活差异，需要一个非常罕见的硬币投掷序列。

0.008 3 的概率是从哪里来的？它来自公平投掷硬币的表现。我们可以把任务交给计算机。无因果效应假说表明，343 例患者中，无论给予 mAb114 还是 ZMapp，都有 $113+85=198$ 人存活，$343-198=145$ 人死亡，如果用一种药物替代另一种药物，没有人的存活率会发生改变。这个假说可能是真的，也可能是假的，但上述内容就是假说之所言。在这个假说的总体中，我们可以告诉计算机投掷一枚公平硬币 343 次，通过投掷硬币将患者分配到 mAb114 组或 ZMapp 组。这将产生某个 mAb114－ZMapp 的存活率差异。这种存活率差异是由偶然性所致，因为在假说的总体中，没有人的存活取决于施予哪种药物。我们可以让计算机重复计算。如果计算机做了 1 000 次这个任务，创建了 1 000 个假的 PALM 试验，我们预计 1 000 个中大约有 8 个会产生与我们看到的相同或更大的存活率差异，1 000 个中大约有 992 个会产生更小的存活率差异。我们看到的存活率差异 14.6% = 64.9%－50.3%，可能是由于偶然——这是一种逻辑上的可能性——但这是一种非常不可能的可能性。

简要概括一下，推理如下。我们的问题是，如果 mAb114 和 ZMapp 之间没有差异，那么观察到的 14.6% = 64.9%－50.3% 的存活率差异是不是由一个患者被分配到 mAb114，另一个患者被分配到 ZMapp 的不幸序列所致？我们发现这在逻辑上是可能的，但现实非常不可能：这样一个硬币投掷序列出现的概率是 0.008 3。为了维护 mAb114 和 ZMapp 对存活率的影响没有区别的观点，你一定要坚持说你是偶然观察到一个非常不可能的硬币投掷序列。

硬币投掷的特殊性何在？

随机实验根据一枚公平硬币新的投掷来分配处理或对照。在随机实验中硬币投掷的哪些性质是重要的？哪些属性是次要的呢？

硬币正面朝上的概率是二分之一这一点并不重要。我们可以掷骰子，当 1 或 2 出现时，将一个人分配到处理组，当 3、4、5 或 6 出现时，将一个人分配到对照组。在这种情况下，进入处理组的概率是三分之一，而进入对照组的概率是三分之二，但这仍然是一个完全随机的实验。这类实验有时是在个体处理费用昂贵而对照条件不昂贵的情况下进行的。

投掷硬币和掷骰子有一个重要的共同点：它们产生的是一种公平的彩票。这种彩票中奖的概率并不重要。关键之处在于，每个人都有相同的中奖机会。用硬币，中奖的概率是一半，但对每个人来说都是一半。前面所提到的那种掷骰子方式，中奖的概率是三分之一，但对每个人来说都是三分之一。

投掷硬币和掷骰子有一个重要的共同点：它们产生的是一种公平的彩票。关键之处在于，每个人都有相同的中奖机会。

我们每个人都是独一无二的。不可能将独一无二的个人同时分配到处理组和对照组，从而使两组完全相同。华盛顿是独一无二的，如果他在一个组而不是另一个组，处理组和对照组就不可能完全相同。随机化并不能让不同的人变得相同；这是不可能的。由于是一种公平的彩票，随机化使得接受处理或对照与否，与使人们有所不同的一切因素都无关。在一切发生之前，我们经常说，这是那种能上大学的人，这是那种会进监狱的人，或者这是一个能成为好父亲的人。相比之下，在随机实验中，在实验发生之前，我们永远不能说，这是处理组的人的类型。因为这是一种公平的彩票，没有哪种类型的人最终会进入处理组。你可以根据自己的喜好虚构出不同类型的人，但一个人的类型永远无法预测他是否会受到处理，因为它永远无法预测投掷硬币的结果。

给乔治·华盛顿放血和体液说

18世纪的医生会发现放血对病人有害吗？我们来想想那个时代的医生们。他们有硬币。他们知道怎么投掷它们。他们可以衡量结果，区分死者和生者。他们甚至对概率有基本的了解。他们缺少的是什么呢？也许，正如之前提到的，他们缺少的是杜威所称的那种实验的思维习惯。

如果18世纪发现病人因放血而受到伤害，医生们可能会对建立在体液理论基础上的医学知识结构提出质疑。随机试验中一项处理的成败可能会刺激疾病生物学的基础研究；这反过来可能会产生更好的治疗方法，以便在进一步的试验中进行评估——就像今天一样。

第三章
观测性研究问题

什么是观测性研究？

随机实验在某些情况下是不道德或不切实际的。有害的处理不能强加于人。你不能强迫一个人吸烟来发现吸烟引起的疾病。你不能用情感创伤来理解创伤后应激综合征。美国环境保护署可能需要为接触潜在毒素或致癌物（如氡气）设定一个标准，但该机构不能对人体进行随机实验，以确定这种接触造成的伤害程度（如果有的话）。相反，它可能会使用来自各种来源的证据,包括对人类暴露于某种物质(比如铀矿工人暴露于氡气)的非随机或观测性研究。① 人们对教育、酒精和麻醉品的消费、储蓄和负债所作的决策会影响他们的富足程度,政府关于公共和私人教育以及最低工资的决策,也都影响着他们的富足程度,但你无法在随机试验中研究这些影响。

1964 年,美国医疗总监发表了一份题为《吸烟与健康》(*Smoking and Health*)的报告,根据非随机研究得出结论:吸烟会导致肺癌。第二年,为该报告做出贡献的咨询委员会成员威廉·科克伦(William Cochran)将观测性研究定义为一种经验性调查,其"目的是阐明原因和效果之间的关系,在这种调查中,在施加希望发现其效果的干预或处理,或随机分配受试者使用不同的干预这个意义上,使用对照实验是不可行的。"②

观测性研究与随机实验有着相同的目标——即估计处理所引起的效果——但处理不是用硬币投掷或计算机中的随机数来分配的。也许每个人的处理是自己选择的,就像是否吸烟一样。也许美国的一个州提高了最低工资,而另一个州保持不变。③ 也许一场自然灾害,比如地震,会突然在一个地区造成情感创伤,而对其他地区却没有影响。④ 也许美国最高法院推翻了一项违宪的法律,突然改变了

---

① M. Tirmarche, A. Raphalen, F. Allin, J. Chameaud, and P. Bredon, "Mortality of a Cohort of French Uranium Miners Exposed to Relatively Low Radon Concentrations," *British Journal of Cancer* 67, no. 5 (1993): 1090–1097.

② William G. Cochran, "The Planning of Observational Studies of Human Populations (with Discussion)," *Journal of the Royal Statistical Society* A 128, no. 2 (1965): 234.

③ David Card and Alan B. Krueger, "Minimum Wages and Employment: A Case Study of the Fast-food Industry in New Jersey and Pennsylvania," *American Economic Review* 84, no. 4 (1994): 772–793.

④ José R. Zubizarreta, Magdalena Cerdá, and Paul R. Rosenbaum, "Effect of the 2010 Chilean Earthquake on Posttraumatic Stress," *Epidemiology* 24, no. 1 (2013): 79–87.

政府政策。① 那么，我们从观测性研究中可以得到什么？由于处理不是随机分配的，所以其中又会出现哪些问题呢？

吸烟与牙周病

牙周病会造成牙齿和牙龈逐渐分离。吸烟会导致牙周病吗？斯科特·托马（Scott Tomar）和萨米拉·阿斯马（Samira Asma）使用美国国家健康和营养调查Ⅲ（NHANES）的数据提出了这个问题，得出的结论是肯定的，美国疾病控制中心（US Centers for Disease Control）也得出了同样的结论。为了说明观测性研究中出现的问题，让我们使用最近的2011—2012年NHANES进行类似的比较，这份NHANES数据也测度了牙周病。②

将每日吸烟者与从不吸烟的对照组进行比较。每日吸烟者在过去30天内每天都吸烟，平均吸烟时间超过30年，90%的人吸烟时间超过14.9年。对照组一生中吸烟少于100支。研究人员对441名每日吸烟者和1 506名对照组人员的牙齿进行了检查并作出比较。

考虑到人们是自己决定是否吸烟，那么，比较吸烟者和不吸烟者靠谱吗？吸烟者和不吸烟者有可比性吗？当人们自己决定是否吸烟时，他们是否像掷硬币或掷骰子一样随机呢？这个观测性研究看起来像随机实验吗？

实际上，吸烟者和对照组是完全不同的。大多数吸烟者是男性（177名女性和264名男性），但大多数不吸烟者是女性（901名女性和

---

① Jeffrey Milyo and Joel Waldfogel, "The Effect of Price Advertising on Prices: Evidence in the Wake of 44 Liquormart," *American Economic Review* 89, no. 5 (1999): 1081–1096; James W. Marquart and Jonathan R. Sorensen, "Institutional and Postrelease Behavior of Furman-Commuted Inmates in Texas," *Criminology* 26, no. 4 (1988): 677–694.

② 关于这个例子详尽的讨论以及更多的参考文献，可以参见 Paul R. Rosenbaum, *Design of Observational Studies* (New York: Springer, 2020), chapters 19–20.

605 名男性）。我们会看到，更好的说法是，16.4% 的女性吸烟，但 30.4% 的男性吸烟。

单从性别来看，自我选择的吸烟行为看起来一点也不像一个随机实验。1 947 人中有 441 人吸烟，吸烟者占 22.7%。随机挑选人，让每个人都有 22.7% 的机会（0.227 的概率）成为吸烟者，从概念上讲是很容易的。取 1 947 张票，标记 441 张为"吸烟者"、1 506 张为"对照组人员"。把票放在桶里，使劲摇一摇。然后伸手去拿一张票。将第一张票分配给第一个人。把票放回桶里，再摇一摇，再拿一张票分配给第二个人。依此类推，一共重复 441 次。

这种"桶中彩票"的随机分配方法将大约 22.7% 的人分配到吸烟组，但这是一种公平的彩票。作为一种公平的彩票，不太可能得到中奖彩票的正好是 16.4% 的女性和 30.4% 的男性。这听起来一点儿也不公平。事实上，因为我们不是在谈论实际的数据而是在谈论随机实验中会发生什么，所以我们可以通过与第二章中相同的推理来确定 1 947 张彩票中如此不公平的中奖彩票分配的概率。我们公平的彩票产生如此不公平的彩票分配的可能性微乎其微；概率为 3.2×10^{-13}。想象一下，你把整个彩票抽了 3.2×10^{13} 次——这是一个需要很多辈子才能完成的任务。在 3.2×10^{13} 张彩票中，你可能只会看到一次如此不公平的分配。这说明女性和男性的行为确实不同；也就是说，他们的行为看起来一点也不像随机实验。更糟糕的是，女性和男性并不是唯一表现不同的群体。

吸烟者受教育程度较低。至少有四年大学学历的人中只有 7.1% 是吸烟者，而没有大学学历的人中有 29.9% 是吸烟者。

吸烟者的收入更少。在家庭收入至少是贫困线 3 倍的人群中，吸烟者占 12.1%，而在家庭收入低于贫困线 3 倍的人群中，吸烟者占 29.8%。

吸烟者比对照组人员稍微年轻——这对牙周病来说是一个重要问

题。吸烟方面的差异在年龄较大时最为明显。在 60 岁以下的人中，25.2% 是吸烟者，而在 60 岁及以上的人中，16.6% 是吸烟者。

每次只看一个属性，吸烟者和不吸烟者看起来完全不同。如果同时查看几个属性，情况会更糟。在 60 岁以上、至少受过四年大学教育的女性中，吸烟者仅占 4.3%。在 60 岁以下没有受过四年大学教育的男性中，42.3% 是吸烟者。这几乎是 10 倍的差别。中奖概率的 10 倍之差根本不像公平的彩票。

仅在三个方面就有近 10 倍的差别，其中年龄和受教育程度还只是粗略地分为两大类，这个结果让人尴尬。有些人的受教育程度还不到九年级。年龄从 30 岁到 80 多岁不等。有些人根本没有收入，有些人的收入超过贫困线的 5 倍。为了保密，NHANES 规定申报年龄不得超过 80 岁，申报收入不得超过贫困线的 5 倍。

如果我们使用实际的年龄分组，而不是粗分成 60 岁以上或以下的年龄组，会发生什么？如果我们使用实际的收入分组，而不是高于或低于贫困线 3 倍的收入分组，又会发生什么？即使只有这 5 个协变量，数据也变得太稀少，无法计算比例。将年龄、收入、受教育程度分别分为 5 个类别，将种族分为黑人或其他种族，再加上性别，总共有 $5 \times 5 \times 5 \times 2 \times 2 = 500$ 个类别，但这 500 个类别中只有 441 名吸烟者。

借助一点统计魔法，我们可以估计所有 500 个类别的吸烟概率。一旦我们进入魔法世界，我们就根本不需要分类。对于 441 名吸烟者和 1 506 名不吸烟者中的每一个人，我们都可以估计出一个有明确年龄、收入、受教育程度、种族和性别的人吸烟的个人概率。这些概率大多是不同的。441 + 1 506 = 1 947 人有 1 753 种不同的概率。即使只有 5 个协变量，也很少有人看起来一模一样。事实上，魔法并不神秘，但它有点技术性。[1]

---

[1] David R. Cox and E. Joyce Snell, *Analysis of Binary Data* (New York: Chapman and Hall/CRC, 1989).

所估计的概率在 3.2% 到 64.5% 之间。这不再是 9 倍的差别；这是一个接近 20 倍的差别。最低的估计值是，一名 61 岁的女性吸烟的概率为 3.2%，她上了四年大学，收入是贫困线的 5 倍以上。最高的估计值是，拥有 64.5% 的吸烟概率的是一名 58 岁的男性，他受过不到九年的教育，收入低于贫困线，大约是贫困线的三分之二。

在继续讨论之前，我们需要停下来考虑如何仔细检查 441+1 506= 1 947 个数字。

插曲：图基的箱形图

约翰·图基（John Tukey）提出了箱形图（boxplot）的概念，以快速了解大量数字中的重要内容。一旦我们能做到这一点，我们就可以用有趣的方式来划分不同群体——比如说吸烟者和非吸烟者——并很快看到不同群体之间的差异。

有了大量的数据，我们需要知道典型的数值。在接受研究的 1 947 人中，一个典型的年龄值是 50 岁。中位数是 50 岁：基本而言，一半的人年龄在 50 岁以下，一半的人年龄在 50 岁以上。中位数是一个很好的典型值。

当然，大多数人都不到 50 岁。在 1 947 人中，只有 54 人年龄正好是 50 岁。人们各不相同。我们大多数人都是不典型的。典型的人偏离了典型的东西。我们需要看看人们通常是如何变化的。

对于中位数以上、年龄超过 50 岁的人，我们会问，一般来说，他们多大年龄了？中位数用过一次。为什么不再试一次呢？对所有年龄大于中位数的人计算他们的中位数年龄。结果是 61。在年龄超过中位数的人群中，有一半超过 61 岁。一般来说，这个数字被称为上四分位数，因为 25% 的人年龄在 61 岁以上，75% 的人年龄在 61 岁以下。

中位数用了两次。为什么不再试一次呢？把比中位数年龄小的人都找出来，计算他们的中位数年龄。结果是 39 岁。一般来说，这个数字是下四分位数，因为 25％的人年龄在 39 岁以下，75％的人年龄在 39 岁以上。

一般而言，一半的人的年龄在上四分位数和下四分位数之间，也就是在 39 岁和 61 岁之间。这也是 1 947 人中年龄变化的典型特征：一半在 39 岁到 61 岁之间，四分之一在 39 岁以下，四分之一在 61 岁以上。所以我们现在有一个典型的年龄：50 岁，以及一个典型的年龄范围：39～61 岁。

中位数和四分位数告诉了我们更多。在 1 947 人中，年龄的下四分位数为 39 岁，比中位数 50 岁低 11 岁，而年龄的上四分位数为 61 岁，比中位数 50 岁高 11 岁。从中位数开始提高 11 岁及以上，你就得到了 25％的人口，或者从中位数开始减低 11 岁及以上，你也得到了 25％的人口。年龄分布的中心看起来与中位数对称。对称性并不是给定的。我们马上就会看到，收入是不对称的：下四分位数比上四分位数更接近中位数。对于我们这些典型的、接近中位数的人来说，穷人比富人更接近中位数。所以中位数和四分位数告诉了我们分布中心是否对称。

通常情况下，人各不相同。看看体育场里的一群人，你会看到许多典型的变化。年龄的四分位数——39 岁和 61 岁——告诉了我们年龄的典型变化方式。有些人在人群中表现很突出。他们不只是不同；他们还非常奇怪，可能是好的方面，可能是坏的方面，也可能是有趣的方面，但无论如何都值得予以关注。箱形图可以让人们注意到少数突出的个体，他们的变化比典型的变化更大。箱形图创建了一个上边界和下边界，然后，如果个体在边界之外，它将它们绘制成不同的点。一半的年龄落在四分位数之外，低于 39 岁或高于 61 岁，所以在四分位数之外没什么奇怪的。所谓的奇怪，它的标准是什么呢？在生活中如此，在箱形图中也是如此：奇怪的标准多少有些任意。计算四分位数之差，61－

39＝22，乘以1.5，得到1.5×22＝33，这个数加上上四分位数，得到上边界61＋33＝94，从下四分位数上减去这个数，得到下边界39－33＝6。由于NHANES将年龄限制在80岁，并且只对30岁或以上的人进行牙周测量，因此没有人超出年龄界限。没有人是作为个体来绘制的。

我们现在有了箱形图的要素：中位数、上四分位数和下四分位数，以及个体被单独绘制的"外部"的定义。图3-1是1 947人年龄的箱形图。我们一眼就能看到一切。水平中心线在中位数50岁上：一半的人年龄更大，一半的人年龄更小。一半的人在四分位数之间，在箱形内，年龄位于39岁和61岁之间。四分之一的人年龄在61岁以上。四分之一的人年龄在39岁以下。中位数50岁以上在箱形内的有四分之一的人，中位数50岁以下在箱形内的也有四分之一的人。没有外部的点。在这个例子中，我在定义外部点的边界上画了线，所以这一次你可以在图中看到它们，但是这些线并不会明确出现在标准箱形图中。称为须（whiskers）的短线，从箱形上面和下面延伸到不在外部的最大和最小的点处。

箱形图示例

1 947人的年龄

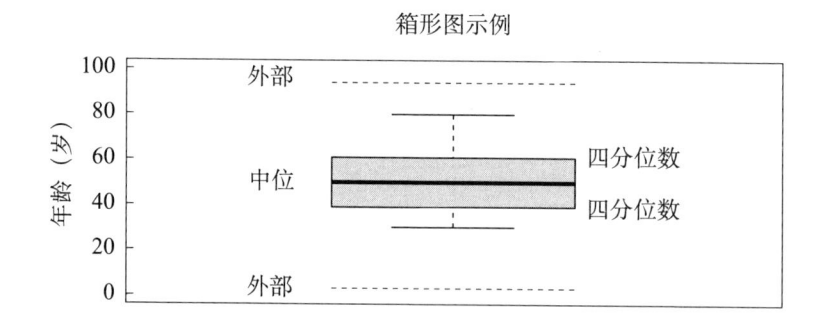

图3-1 一个箱形图的例子，显示了1 947人年龄的中位数和上下四分位数。没有点是单独画出来的，因为没有点在边界之外。

箱形图可以让你一眼看到一批数字，因此当你需要比较几批数字的时候，它特别有用。箱形图可以描述处理组和对照组在观测到的协变量方面的可比性程度。

处理组和对照组在箱形图上是否具有可比性？

箱形图可以描述处理组和对照组在观测到的协变量方面的可比性程度。图3-2就做到了这一点。对于年龄、收入和受教育程度这三个协变量，该图比较了441名每日吸烟者（S）和1 506名对照组成员（C）。

容易看到，图3-2显示吸烟者比对照组年轻几岁，而且吸烟者的收入和受教育程度要低得多。中位数吸烟者的家庭收入仅略高于贫困线，并且拥有高中学历，而中位数对照组的收入是中位数吸烟者的两倍多，并且上过"某类大学"，可能包括社区大学的副学士学位或技术学位。

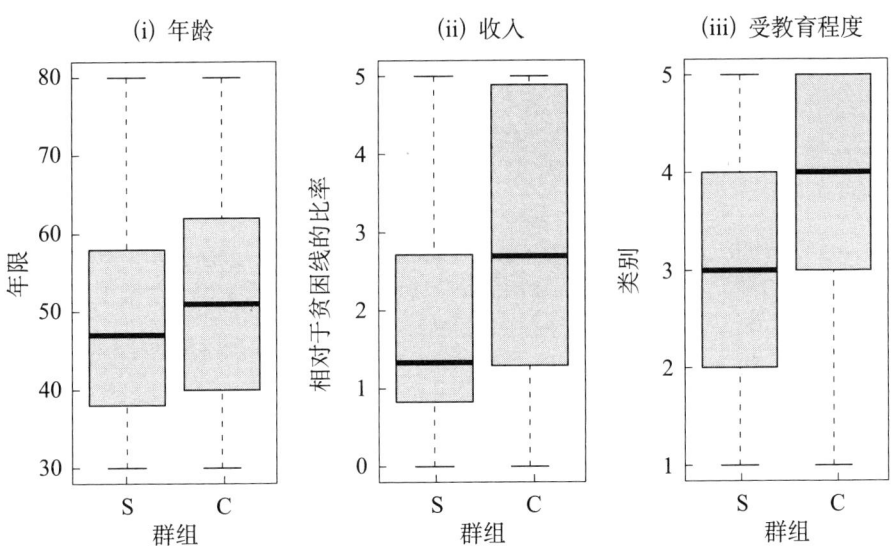

图3-2 每日吸烟者（S）与对照组（C）在年龄、收入和受教育程度方面的比较。收入是家庭收入与贫困线的比率。受教育程度分为：1分代表九年级以下，2分代表至少九年级但没有高中学位，3分代表高中学位或同等学历，4分代表某类大学，5分代表至少四年制大学学位。

同样，具体情况比图3-2中的要糟糕得多，因为该图一次只考虑一个协变量。如果我们同时考虑所有的协变量，情况会是怎样的呢？我们所考虑的协变量有年龄、性别、收入、受教育程度和种族。使用所有这些信息，你可以比只用任何一个协变量做的时候更好地猜测谁会吸烟。图 3-3 给出了前面描述的 1 947 个人吸烟概率的估计值。这些估计值以统一的方式反映了年龄、性别、收入、受教育程度和种族等协变量。对于一个具有特定可观测协变量值——这里是年龄、性别、收入、受教育程度和种族——的人，接受处理——这里是吸烟——的概率被称为倾向得分。

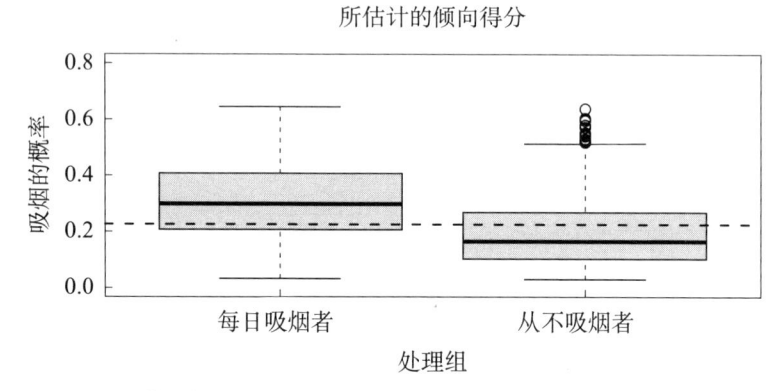

所估计的倾向得分

图 3-3 基于年龄、性别、收入、受教育程度和种族，441 名每日吸烟者和 1 506 名从不吸烟者的估计吸烟概率或倾向得分。虚线为吸烟者比例，0.227 = 441/(441 + 1 506)。

在图 3-3 中，吸烟者和对照组有很大的不同。正如预期的那样，吸烟者吸烟的估计概率更高，而且该图还显示了高多少。对照组的中位数概率为 0.166，远低于吸烟组的下四分位数 0.207，这种区别没有出现在图 3-2 中，在该图中，一次只考虑一个协变量。

如前所述，图 3-3 中最大的估计概率是最小概率的 20 倍以上。相比之下，如果处理是由桶中彩票随机分配的，分配概率将全部等于 0.227，由图 3-3 中的虚线表示。

对于一个具有特定可观测协变量值——这里是年龄、性别、收入、受教育程度和种族——的人，接受处理——这里是吸烟——的概率被称为倾向得分。

图 3-3 中的概率是倾向得分的估计值。倾向得分是具有特定属性的人接受处理的概率。倾向得分将在第四章讨论。

比较那些不可比较组的结果

这个结果就是衡量牙周病的指标。除智齿外，对 28 颗牙齿中的每一颗进行检查，每颗牙齿有 6 个位置做检查，共 $28 \times 6 = 168$ 个位置。一个人的结果是显示牙周病的位置的百分比，每个人都是从 0 到 100%。如果一颗牙齿有至少 4 毫米的凹陷深度或附着缺失，表明牙龈与牙齿分离，则该位置显示存在牙周病。

图 3-4 比较了吸烟者和对照组的牙周病情况。乍一看，吸烟者患牙周病的人数明显多于对照组。对于不吸烟者来说，病变部位的中位数是 1.2%，但对于吸烟者来说，病变部位的中位数高出接近 10 倍，即 12.4%。在上四分位数上，差异非常显著。四分之一的吸烟者有超过 42% 的病变部位，而四分之一的对照组有超过 7% 的病变部位。有一些对照组人员患有广泛的牙周病，但数量很少；它们是对照箱形图中的外部点。

最大的问题是：图 3-4 告诉了我们什么？当然，吸烟者比不吸烟者有更广泛的牙周病，但为什么呢？这是吸烟引起的影响吗？还是这个数字只是简单地比较了那些不可比的人？图 3-4 是否只是一个微不足道的事实，只是发现了不可比的人是不同的呢？图 3-2 告诉我们，在图 3-4 中的吸烟者箱形图中，收入和受教育程度较低的男性人数过多，而对照箱形图中拥有更高收入和更高受教育程度的女性人数过多。也许收入和受教育程度较高的人可以获得更好的牙科护理，并维持了更好的口腔卫生。也许图 3-4 中的模式反映的是几十年来在刷牙、冲牙和专业

牙周病

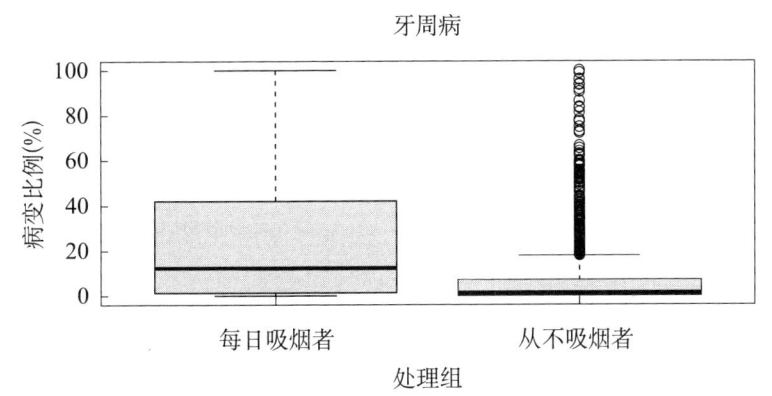

图 3-4 441 名每日吸烟者和 1 506 名从不吸烟的对照者的牙周病。

牙科护理方面的差异所产生的影响，而不是吸烟的影响。

处理组和对照组的可比性问题有两个方面。其中一个是经常可以加以解决的突出问题，部分原因就在于它很突出；我们可以看到它、攻克它、修正它，而且我们可以看到我们已经修正了它。遗憾的是，还有一个不起眼、有时看不见的方面更难解决。

这个突出的方面在图 3-2 和图 3-3 中表现得很明显。吸烟者和对照者在可测协变量方面明显不同。第四章将解决这个突出的问题，以比较那些在可测协变量方面看起来具有可比性的个体。

总是有协变量没有被测量到。总是。常年吸烟者和从不吸烟者在其他成瘾行为、酒精和毒品的消费，以及可能的性格和遗传学方面存在差异，这可能会对其行为和疾病产生广泛的影响。[1] 第五章将讨论解决未

---

[1] Dimitra Kale, Kaidy Stautz, and Andrew Cooper, "Impulsivity Related Personality Traits and Cigarette Smoking in Adults: A Meta-analysis Using the UPPS-P Model of Impulsivity and Reward Sensitivity," *Drug and Alcohol Dependence* 185 (2018): 149 – 167; Jane E. Sarginson, Joel D. Killen, Laura C. Lazzeroni, Stephen P. Fortmann, Heather S. Ryan, Alan F. Schatzberg, and Greer M. Murphy Jr., "Markers in the 15q24 Nicotinic Receptor Subunit Gene Cluster (CHRNA5-A3-B4) Predict Severity of Nicotine Addiction and Response to Smoking Cessation Therapy," *American Journal of Medical Genetics Part B*: *Neuropsychiatric Genetics* 156, no. 3 (2011): 275 – 284.

测量协变量的方法。

来自可测协变量的问题通常会被修正，并且经常也被认为已经得到修正。来自未被测量协变量的问题可以减低其危害或部分地予以解决，但不能消除，只能以减低的形式持续存在，有时会减低到无关紧要的地步。因为这一点，在观测性研究中，控制可测协变量这第一项任务似乎只是因果推断的次要部分，而最重要的问题是解决未测量协变量。然而，如果我们在这第一项任务中包含对重要协变量的仔细测量，那么这两项任务的重要性将不分伯仲。

第四章

对可测协变量的调整

作为一种调整方法的协变量匹配

在图 3-4 中,我们在吸烟者中看到了患牙周病的现象更为普遍,但我们不认为我们所看到的就是吸烟所引起的后果。该图比较了处理组和对照组的牙周病结果,而它们并没有可比性。在图 3-2 和图 3-3 中,我们已经看到,吸烟者和不吸烟者没有可比性。最简单的解决办法是比较具有可比性的个体,或者至少在我们可以看到的方面具有可比性。的确，在我们可以看到的方面看起来相似的人，可能在我们看不到的方面有所不同——这些方面没有被测量到——但这一章我们关注的是前一个问题。

在配对匹配中，441名吸烟者分别与从1 506个对照组成员中选出的不同对照组成员配对。目标是选择441名在可测协变量（性别、年龄、收入、受教育程度和种族）方面看起来与吸烟者相似的对照组成员。

图4-1与图3-3类似，但它描述了所有441名吸烟者和441名匹配的对照组成员。与图3-3不同，图4-1中的三个协变量——年龄、收入和受教育程度——在处理组和匹配对照组中有相似的分布。在这两组中，年龄中位数均为47岁。吸烟者的收入中位数是贫困线的1.33倍，匹配的非吸烟者的收入中位数是贫困线的1.38倍。吸烟者和匹配对照者的受教育程度中位数都是高中。图4-1显示，上下四分位数也相似。对于图4-1中三个协变量中的每一个，吸烟者和匹配对照者的整个分布看起来都很相似。

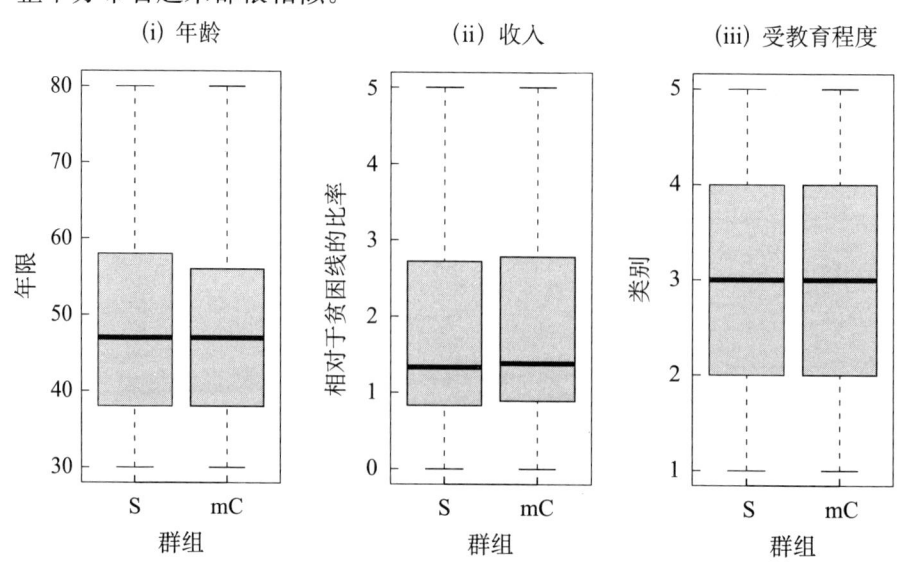

图4-1 441名吸烟者（S）和441名匹配对照组成员（mC）的协变量。

对于二值协变量图不太好画，但它们在匹配比较中也是平衡的。根据设计，每名吸烟者都匹配一名不吸烟者，所以 882 = 2 × 441 名匹配个体中有 50% 是吸烟者。那个重要的问题仍然存在：这种对半分的形式仍然存在于由可测协变量定义的人群子集中吗？或者只适用于男性？或者仅仅适用于女性？或者只适用于受过大学教育的年长的女性？回答是肯定的。

吸烟者多为男性而不吸烟者多为女性的模式已经消失了：在匹配的样本中，50.8% 的男性和 49.9% 的女性吸烟。这种性别不平衡与将 882 = 2 × 441 个人随机分成人数各为 441 的两组时所能预期看到的性别不平衡相比又如何呢？在随机划分中，很有可能发生更大的性别差异——具体来说，概率为 0.63——所以性别平衡与随机实验中的预期相当。种族的情况也是如此：在匹配的样本中，51.3% 的黑人每天都吸烟，其余人中有 49.4% 是吸烟者，这种不平衡也与随机分配的预期相当。在匹配的样本中，年龄的匹配情况也是如此：60 岁以下的人中有 49.5% 是吸烟者，60 岁以上的人中有 51.9% 是吸烟者。

如果我们同时看三个协变量，也是平衡的。在匹配之前，60 岁以上、至少受过四年以上大学教育的女性——只有 4.3% 是吸烟者——和 60 岁以下、没有受过四年大学教育的男性——足足有 42.3% 是吸烟者——相比，吸烟者的比例相差 10 倍。在匹配之后，这种差异就消失了：60 岁以上、至少受过四年大学教育的女性中有 50% 的人吸烟，而 60 岁以下、没有受过四年大学教育的男性中有 50.7% 的人吸烟。

倾向得分的不平衡

当我们观察由更多协变量定义的更小的群体时，数据很快就会变得稀疏。不同年龄、收入、受教育程度、性别和种族的人有不同的成为吸烟者的概率，我们估计了这些概率，或称之为倾向得分，并将其绘制在图 3-3 中。在这幅图中，在匹配之前，吸烟者和不吸烟者看起来非常不同。那么，匹配后相比又如何呢？

图 4-2 比较了匹配后吸烟的估计概率。与图 3-3 不同，匹配后，这些倾向得分的箱形图看起来很相似。

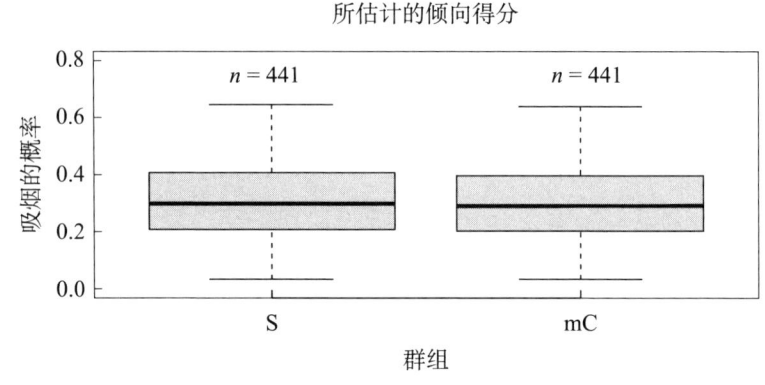

所估计的倾向得分

图 4-2 441 名吸烟者（S）和 441 名匹配的不吸烟者对照组成员（mC）的倾向得分。

图 4-3 更仔细地观察了倾向得分，从而有助于理解匹配是如何完成的。图 4-3 中的第一个和最后一个箱形图是图 3-3 中的两个箱形图，即 441 名吸烟者（S）和所有 1 506 名不吸烟者（aC）的箱形图。图 4-3 中的第一和第二个箱形图是图 4-2 中的两个箱形图，即 441 名吸烟者和 441 名匹配的不吸烟者对照组成员（mC）的箱形图。图 4-3 中的新箱形图（uC）描述了从匹配样本中排除的 1 065 名对照组成员，因此 1 506＝441＋1 065。换句话说，匹配发现，在 1 506 名不吸烟者中，总共有 441 名看起来像吸烟者的不吸烟者，而丢弃了 1 065 名看起来一点儿也不像吸烟者的不吸烟者。

所估计的倾向得分

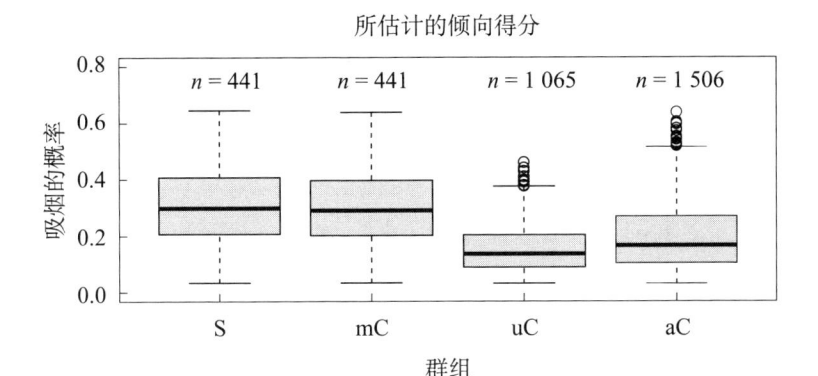

[图:箱形图,纵轴为吸烟的概率(0.0到0.8),横轴为群组(S, mC, uC, aC),各组样本量分别为 n=441, n=441, n=1 065, n=1 506]

图4-3 匹配如何改变倾向得分的箱形图。这些组是 S=吸烟者,mC=匹配对照者,uC=不匹配对照者,aC=所有对照者。

倾向得分匹配如何平衡可测协变量

在某种意义上,倾向得分是一个可测协变量,它总结了所有的可测协变量,在这里是年龄、性别、收入、受教育程度和种族等。在某种意义上,图4-2中倾向得分的平衡意味着所有可测协变量的成功平衡。在某种意义上,倾向得分的匹配不仅解决了图3-3中的问题,也解决了图3-2中的问题。是在何种意义上呢?本节描述了关于倾向得分的几个基本事实。[①]

我们来想象一个比第二章中的 PALM 试验稍微复杂一点的世界,但也还是比牙周病的观测性研究要简单。在这个新想象出来的世界里,一些人通过投掷公平硬币被分配到了处理组和对照组:正面朝上被分配到处理组、反面朝上被分配到对照组。其他人通过公平的骰子被分配到

---

① Paul R. Rosenbaum and Donald B. Rubin, "The Central Role of the Propensity Score in Observational Studies for Causal Effects," *Biometrika* 70, no. 1 (1983): 41–55.

了处理组或对照组：如果掷骰子掷出的是1，则送他们去处理组；如果掷出的是2到6，则送他们去对照组。我们分别称他们为硬币人和骰子人，为了简单起见，让我们假设一半的人是硬币人、一半的人是骰子人。硬币人没有太多共同点：有些是老年男性，有些是年轻女性。骰子人也没有太多共同点：有些是老年女性，有些是年轻男性。问题是，我们是否可以忘记细节——比如年龄和性别——而把重点放在硬币人和骰子人身上，把细节问题留给偶然的机会？在第二章的PALM试验部分，这套机制是行之有效的——每个人都是硬币人，机会平衡了协变量。然而，现在有两种类型的人：硬币人和骰子人，这两种类型的人各自有不同的处理概率——一半和六分之一。

在我们想象的世界里，硬币人进入处理组的机会是一半，骰子人进入处理组的机会为六分之一，而一半的人是硬币人，一半的人是骰子人，所以，总的来说，接受处理的机会是 $1/2 \times 1/2 + 1/2 \times 1/6 = 1/4 + 1/12 = 4/12 = 1/3$，进入对照组的机会是 $1 - 1/3 = 2/3$。然而，大多数接受处理的人都是硬币人，而大多数对照者都是骰子人。处理组有太多硬币人——老年男性和年轻女性，对照组有太多骰子人——老年女性和年轻男性。我们希望通过匹配来修正这个问题。

假设我们把硬币人和硬币人配对、把骰子人和骰子人配对，剩下的就交给运气吧。这行吗？直觉表明，这可能会奏效。单独来看，硬币人形成了一个随机实验。单独来看，骰子人也形成了一个随机实验，尽管接受处理的概率是六分之一，而不是一半。每个随机实验都应该分别平衡其协变量。当我们将硬币人和骰子人合并时，我们遇到了麻烦，但匹配是将他们分开的一种方法。所以匹配可能会起作用。是这样吗？

将硬币人与硬币人配对可能会将两个不同的人配对。一方面，老年男性和年轻女性都是硬币人，因此一个接受处理的老年男性与一个年轻的对照组女性可能会被配对。另一方面，一个接受处理的年轻女性和一个老年的对照组男性可能会被配对。有鉴于此，我有一个问题要问你。假设我给你两个硬币人——一个老年男性和一个年轻女性，告诉你一个接受处理、另一个进入对照组，但我不会告诉你是谁。那么，你能猜出是谁接受了处理吗？好吧，很明显，你可以猜——你可以根据你喜欢的任何方式进行猜测，比如新掷一次硬币——但硬币没有理由会猜对。真正的问题是，你可以以一种能打败硬币的方式猜对吗？打败硬币听起来并不容易。老年男性有一半接受处理的概率，但年轻女性也一样。从所提供的信息来看，没有理由认为是老年男性接受了处理，也没有理由认为是年轻女性接受了处理。事实上，你无法打败硬币。如果你把两个硬币人配对——一个接受处理，另一个进入对照组，那么这两个人有同等的概率成为处理组的人。硬币配对就像一个随机实验：如果有很多这样的配对，那么老年处理组男性与年轻对照组女性的配对，以及年轻处理组女性与老年对照组男性的配对，二者往往能够达成平衡。

尽管一开始你可能感觉很奇怪，但同样的事情也发生在骰子人身上。我给你两个骰子人：一个老年女性和一个年轻男性。我告诉你，一个受到了处理，另一个进入了对照组，但我不会告诉你是谁。我请你猜一下谁受到了处理，要求你的猜测做得比硬币投掷更好。起初，你可能会误认为自己可以打败硬币，因为骰子人接受处理的概率是六分之一。骰子人很可能是对照组成员。你能利用这个事实吗？你面临的困境是：他们两个都是骰子人，一个是老年女性，另一个是年轻男性，所以在你的猜测中，没有理由支持他们中的任何一个。两个骰子人的情况与两个硬币人的情况看似有所不同，因为当我告诉你两个骰子人包括一个接受处理的人和一个对照组成员时，我告诉了你更多信息。如果我为两个硬币人投掷两次硬币，那么我有一半机会可以得到一个接受处理的人和一个进入对照组的人，有四分之一的机会可以得到两个接受处理的人，有四分之一的机会可以得到两个进入处理组的人，因此，对于硬币人来说，被告知有一个接受处理的人和一个进入对照组的人，这并不奇怪。如果我把一个骰子掷两次，为两个骰子人分配处理，那么有（5/6）×（5/6）=25/36=0.694 的概率，我得到两个对照组成员。所以当我告诉你一对骰子人包括一个接受处理的人和一个进入对照组的人时，你会觉得这对人是有点不寻常的。在配对中，如图 4-3 所示，你坚持每对都包含一个被处理的人和一个对照者，问题是：你会在这样的配对中看到什么？如果你组成许多对两个骰子人，一个接受处理，另一个作为对照，那么会出现一个接受处理的老年女性和一个年轻的对照组男性所组成的一对，但发生这种情况的概率与出现一个接受处理的年轻男性和一个老年的对照组女性所组成的一对的概率相同。如果有许多对骰子人和许多对硬币人的话，年龄和性别就会平衡。

图 4-3 中的情况与此类似。假设在图 4-3 中，一个接受处理的人与一个倾向得分相同的对照组成员配对——基于年龄、性别、收入、受教育程度和种族，他们成为吸烟者的概率相同。这两个人可能有很大的不同——也就是说，在年龄、性别、收入等方面不同——但因为他们有相同的倾向得分，这些具体的差异不会帮助你猜出配对中的谁是吸烟者。如果在每一对配对中，两个人的倾向得分相同，那么当有很多对配对时，年龄、性别、收入、受教育程度和种族的差异将会趋于平衡。

为了说明这一点，请考虑图 4-2 中的两个人。根据年龄、性别、收入、受教育程度和种族，两个人的倾向得分都是 0.20，即有五分之一的机会成为吸烟者，但实际上只有一个人是吸烟者。其中一个是 49 岁的女性，拥有高中学历，家庭收入是贫困线的 1.97 倍。另一个是 52 岁的男性，上过两年大学，家庭收入是贫困线的 4.07 倍。他们都不是黑人。男性比女性更有可能吸烟，但更富有、受过更好教育的人吸烟的可能性更小，对这两个人来说，这两种相互冲突的倾向完美地相互平衡，从而产生了相同的五分之一的机会成为吸烟者。给定两个人中有一个是吸烟者这一信息，关于年龄、性别、收入、受教育程度和种族的详细信息对猜测谁是真正的吸烟者没有帮助。（事实上是那个男性。）年龄、性别、收入、受教育程度和种族等所有可能有助于识别吸烟者的信息，都已经包含在由这些信息计算出来的五分之一的倾向得分中。匹配倾向得分这一个变量，就平衡了在倾向得分的构造中使用的所有变量。倾向得分通常用于平衡数十或数百个协变量。

协变量平衡是什么样的？图 4-1 和图 4-2 给出了一个答案。在这些数据中，吸烟组和匹配的对照组在年龄、受教育程度、收入和倾向得分方面看起来具有可比性。另一个答案是使用倾向得分对图 4-2 进行切片，并查看其中一个协变量，比如年龄。如果我们观察以 1/5＝0.2 为中心、长度为 0.05 的倾向得分区间内的所有人，那么有 48 名吸烟者，年龄中位数为 47.5 岁；47 名不吸烟者，年龄中位数为 48 岁。如果区间长度仍然为 0.05，但以 1/10＝0.10 为中心，则有 30 名吸烟者，年龄中位数为 52.5 岁；28 名不吸烟者，年龄中位数为 51.5 岁。

这一节的第一段说，"在某种意义上，在某种意义上，在某种意义上"。在某种意义上，根据年龄、性别、收入、受教育程度和种族计算的倾向得分倾向于平衡所有这五个协变量。但要注意以下几点。首先，很明显，而且最重要的是，如果倾向得分是根据年龄、性别、收入、受教育程度和种族计算的，那么就不能指望它平衡其他协变量，也许是你忘记测量的一个协变量，比如一个人小时候的牙科护理质量。其次，图 4-3 描述了倾向得分的估计值，而不是真实的概率。如果在估计倾向得分时做得很糟糕，估计结果可能无法达到真实概率所能达到的效果。

最后,像随机化一样,倾向得分让运气在平衡协变量时做了大部分工作,所以,如果样本量并不小,它可以平衡一个常见属性,比如性别,但它无法平衡极其罕见甚至唯一的属性——比如是否为华盛顿。

在控制可测协变量的同时比较结果

图 4-4 与图 4-3 形式相同,但其关注点转移到了结果上,即患牙周病的程度。具体是患牙周病——即牙齿和牙龈分离——的牙齿位置的百分比。图 4-4 中有四个箱形图,一个用于 441 名吸烟者(S),一个用于 441 名匹配对照者(mC),一个用于 1 065 名未匹配对照者(uC),一个用于所有 1 506 名对照者(aC),其中 441+1 065=1 506。

图 4-4 中吸烟者(S)和所有对照组(aC)的第一个和最后一个箱形图与图 3-4 相同,但我们很难从图 3-4 中得出明确结论。在图 3-4 中,吸烟者和对照者在年龄、性别、受教育程度、收入和种族方面存在很大差异,如图 3-2 所示。我们担心收入和受教育程度更高的人可能会得到更好的专业牙科护理,有更好的牙齿卫生习惯,或者在其他吸入、饮用或食用习惯上有所不同。我们担心牙周病会随着年龄的增长而增加,而且吸烟者更年轻。抽烟的人不成比例地是男性。图 4-4 中匹配对照者(mC)的箱形图已经去除了年龄、性别、受教育程度、收入和种族等方面的差异,然而,大多数吸烟者仍然比大多数不吸烟者患有更广泛的牙周病。吸烟者患有广泛的牙周病不能用年龄、性别、受教育程度、收入和种族方面的差异来解释,因为在这些协变量方面与吸烟者相似的非吸烟者所患牙周病的广泛程度要小得多。会不会不是吸烟,而是别的原因,是其他协变量造成的影响呢?这是有可能的,但这是第五章的主题。

如果你仔细看图 4-4,你将看到 441 名匹配对照者(mC)比 1 065

牙周病

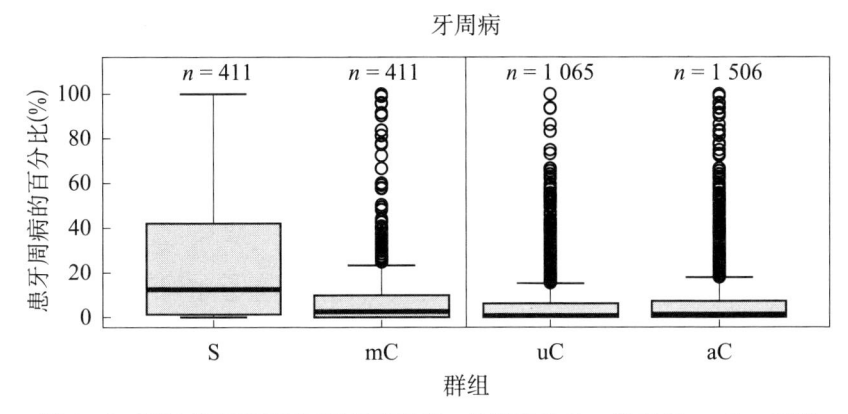

图 4-4 吸烟者和对照者牙周病的程度。这些组为 S ＝吸烟者，mC ＝匹配对照者，uC ＝非匹配对照者，aC ＝所有对照者。

名非匹配的对照组成员有稍多一些的牙周病。这种差异过大，不太可能是偶然的巧合，但它在量值上很小，在 0 到 100% 的标尺上，大约只有 0.5%。协变量的匹配确实轻微改变了对照组的牙周病患病率，但与吸烟者的牙周病患病率水平相比，这种变化很小。在其他一些观测性研究中，对可测协变量进行匹配可能会消除处理看似所具有的效应。

其他匹配方法

匹配的比较可能会将接受处理的个体与倾向得分相似的对照组个体配对并到此为止。但我们有理由做得更多，在牙周病患病率比较中，我们确实做了更多。倾向得分的匹配倾向于平衡得分中包含的所有可测协变量。但最佳匹配样本来自倾向得分与其他匹配方法相结合。

正如我们所看到的，两个人可能有相似的倾向得分，但却大相径庭。在图 4-3 中，有 12 对匹配个体，其平均倾向得分精确到两位小数，为 0.16。这 12 对中的 24 个人非常不同，尽管他们有相似的倾向得分。虽然 24 人中没有一个是黑人，但有 20 名女性和 4 名男性。他们的年龄从 34 岁到 66 岁不等。其中 4 人拥有高中学历，另外 4 人至少拥有四年大学学历。他们的收入从不到贫困线的 2 倍到超过贫困线的 5 倍不等。仅仅因为这 24 个人的倾向得分都接近 0.16，就认为他们是相同的——同等可匹配的——似乎显得有些粗枝大叶。实际进行的匹配并不仅仅是将倾向得分相似的人配对。它总是把倾向得分相似的人配对，但每当有几个倾向得分相似的人可供选择时，它就会选择尽可能相似的人配对。例如，12 对中有一对由两名 43 岁的女性组成，她们都有高中学历，其中一名的收入是贫困线的 2.72 倍，另一名的收入是贫困线的 2.66 倍。另一对由两名男性组成，他们上过两年大学，收入是贫困线的 5 倍多，其中一名 53 岁，另一名 54 岁。等等。

倾向得分把平衡协变量的大部分工作留给了机会。机会在大的分类上做得很好，比如男性和女性，或者老年人和年轻人。对于细分的类别——比如，60 岁以上的女性，上过一些大学，低倾向得分——单个分类可能只包含很少的人，因此，此时机会不平衡就不受大数定律控制了。投掷一枚硬币 441 次，正面朝上的比例接近一半，但投掷 3 次，3 次全部是正面的概率是 1/8，全部是反面的概率也是 1/8。牙周病患病率匹配在由性别、年龄在 60 岁以上、受教育程度和倾向得分区间所构造的具有 54 个类别的协变量上强制实现了最佳平衡。在 441 名吸烟者和 54 个类别中，平均每个类别下仅有 441/54=8.2 名吸烟者，有 14 个类别的吸烟者人数为 3 人或更少。如果你投掷一枚硬币 3 次，你就不能依靠大数定律，所以，在细分的类别中强制平衡是有帮助的。[1]

---

[1] Paul R. Rosenbaum, *Design of Observational Studies* (New York: Springer, 2020), chapter 11.

倾向得分的匹配倾向于平衡得分中包含的所有可测协变量。但最佳匹配样本来自倾向得分与其他匹配方法相结合。

匹配是最简单的调整方法。通过匹配，处理组个体和对照组个体在可测协变量中有明显差异的问题（如图 3-2 所示），通过比较处理组个体和没有明显差异的对照组子集（如图 4-1 所示）来解决。此外，通过匹配，我们很容易通过查看图表来了解正在发生的事情，就像我们一直在做的那样。话虽如此，调整方法有很多，同时使用几种方法并不罕见。

第五章
对未测量协变量的敏感性

某种间接证据是非常有力的,比如你在牛奶里发现了一条鳟鱼。

——亨利·大卫·梭罗*,1850年11月11日的日记

---

* 亨利·大卫·梭罗(Henry David Thoreau,1817—1862),美国作家、哲学家,著有《瓦尔登湖》等。——译者注

异议、反诉和竞争性假说

交响乐演奏结束之后，迎来的是掌声。一项观测性研究之后，会出现异议。常见的异议或反对意见认为，研究人员是调整了几个协变量，但未能测量到另一个协变量，因此没有控制住它。反对意见接着指出，如果研究人员对这个协变量进行调整，表面上的处理效应就会消失。这种常见的反对意见有时是合理的，有时是不合理的，而且往往很难归类为合理或不合理。你可能会被一项观测性研究得出的错误结论所误导，但你也可能被对这项研究的错误反对意见所误导。通常，没有办法只在安全的方面犯错，因为两种错误都有有害的后果。

首先出现的这第一种想法虽然不正确，但可以理解，它坚持认为拒绝不充分的科学证据是一种洞察力和高标准的标志。第一种想法是把知识看作一种成就，更高的成就标准总是比低的好。第一种想法倾向于对知识提出更高的标准，这往往导致人们否认已经获得了知识。第一种想法忘记了你可能会被指控为"知之"（knowing），被指控在实际上知晓的情况下做出错误的行为。[1] 几十年来，烟草业一直认为吸烟与癌症和冠心病有关的证据不足；然而在20世纪90年代，诉讼迫使该行业支付了巨额财务和解金，部分原因是，它故意让人们对它所知道的真相产生怀疑。[2]

如何在科学证据和对科学证据的批评之间取得适当的平衡？在一篇值得详细阅读的长篇文章中，欧文·布罗斯（Irwin Bross）给出了以下

---

[1] Avner Baz, *When Words Are Called For* (Cambridge, MA: Harvard University Press, 2012), chapter 4.

[2] Allan M. Brandt, *The Cigarette Century: The Rise, Fall, and Deadly Persistence of the Product That Defined America* (New York: Basic Books, 2007), chapter 12.

答案：

> 在关于吸烟和肺癌的大争论中，我认为统计批评的质量是可怜的（尽管批评家们声名显赫）……作为了解统计批评基本规则的第一步，让我们来看看批评者和支持者的作用……尽管批评者的作用看起来纯粹是消极的，但它也有积极的一面。他含蓄地（有时也明确地）提出了一个对立假说（counterhypothesis）……批评设计中存在偏差或未能控制某些既定因素的人，实际上是提出了一个对立假说（即使他可能没有明说）。由于对立假说在批评的逻辑结构中是必不可少的，当它被明确地陈述时，它有助于辩论……批评者有责任证明他的对立假说是站得住脚的。在这样做的过程中，他和支持者一样遵循着同样的基本规则。①

对科学证据的批评是科学的一部分，必须符合科学标准。对科学证据的批评是一种对立假说或反诉（counterclaim），它以不同的方式解释证据，可能是通过有偏差的处理分配，而不是通过由处理引起的影响。哲学家路德维希·维特根斯坦*问道："难道我们怀疑不需要理由吗？"②在科学工作中，怀疑的理由是科学的一部分。怀疑的理由可能被判定为不充分。反诉可能因含糊不清、未经证实、不可检验、不可信或出于自利、傲慢或仇恨而被驳回。布罗斯总结道："我的主题一直是：我们不应该在科学和统计方面有'双重标准'，一种标准给支持者，另一种标准给批评者。"③

---

① Irwin D. J. Bross, "Statistical Criticism," *Cancer* 13, no. 2 (1960)：394.

* 路德维希·约瑟夫·约翰·维特根斯坦（Ludwig Josef Johann Wittgenstein, 1889—1951），著名哲学家，著有《逻辑哲学论》等。——译者注

② Ludwig Wittgenstein, *On Certainty* (New York：Harper and Row, 1969), ♯122.

③ Bross, "Statistical Criticism," 399.

吸烟与肺癌

在20世纪50年代，吸烟导致肺癌是有争议的，而且引起了广泛的争论。观测性研究发现，吸烟和肺癌之间有很强的联系。[1] 那么，这到底是一种有偏差的联系，还是香烟确实是导致肺癌的原因呢？

随机实验的发明者罗纳德·费歇尔（Ronald Fisher）是早期观测性研究的直言不讳的批评者。1957年，《纽约时报》报道：

> 英国剑桥大学遗传学亚瑟·贝尔弗（Arthur Balfour）教授罗纳德·A. 费歇尔爵士称，到目前为止，将吸烟与肺癌联系起来的证据"尚无定论"……罗纳德爵士被认为制定了许多今天在自然科学中实施实验的原则，并以他的数理统计和数学遗传学理论而闻名……"吸烟与肺癌有关的证据，就其本身而言，"罗纳德爵士说，"是非决定性的，因为用人体材料进行适当控制的实验显然是不可能的。不符合决定性实验要求的观察可能只是启示性的，而不是结论性的。"[2]

科学家们已经接受了将费歇尔的方法——随机分配处理——作为因果推断的可靠基础。与此同时，他们心照不宣地拒绝了费希尔的标准，

---

[1] Richard Doll and A. Bradford Hill, "The Mortality of Doctors in Relation to Their Smoking Habits," *British Medical Journal* 1, no. 4877 (1954): 1451-1455; E. Cuyler Hammond and Daniel Horn, "Smoking and Death Rates: Report on Forty-Four Months of Follow-up of 187 783 Men. 2. Death Rates by Cause," *Journal of the American Medical Association* 166, no. 11 (1958): 1294-1308; E. Cuyler Hammond, "Smoking in Relation to Mortality and Morbidity: Findings in the First Thirty-Four Months of Follow-up in a Prospective Study Started in 1959," *Journal of the National Cancer Institute* 32, no. 5 (1964): 1161-1188.

[2] W. L. Laurence, "Cigarette-Cancer Links Disputed," *New York Times*, December 29, 1957, 101.

即如果出于伦理或实际考虑，不允许在人类身上进行随机实验，那么关于因果关系的推断就只能是启示性的，而不是决定性的。在缺乏随机人体实验的情况下，科学家们心照不宣地拒绝了这一标准，他们接受了吸烟导致肺癌为确凿证据。今天没有人认为，由于现有的科学证据存在一些缺陷，吸烟和肺癌是一个需要进一步研究的悬而未决的问题。观测性研究和其他来源有时可以提供足够的因果证据，这并不意味着这种情况经常、轻易、迅速或没有长期争议地发生，但它确实发生了。理解它是如何发生的，乃是本书余下部分的重点。

观测性研究通常会遇到反对意见、反诉，以及对观察到的处理与所得到的结果之间的关联的竞争性解释。从这个角度来看，反对意见的存在告诉我们的信息很少，因此必须对其内容进行审查，也许这需要一段很长的时间才能完成。用散文家拉尔夫·沃尔多·爱默生*的话来说，一个人"必须知道如何判断一张愁眉苦脸"①。敏感性分析是完成这项任务的一种工具。

观测性研究的首次敏感性分析

1959年，杰里·康菲尔德（Jerry Cornfield）和他的同事在对吸烟是肺癌诱因的现有证据进行了长时间的讨论后，首次进行了敏感性分析。该证据呈现出了多种结果。例如，在对照实验中，使用烟草中的焦油使老鼠患上了皮肤癌，烟草烟雾使老鼠和狗的肺部发生了癌前病变。吸烟与人类肺癌有关联。当吸烟行为在人群中发生变化一段时间之后，

---

* 拉尔夫·沃尔多·爱默生（Ralph Waldo Emerson，1803—1882），生于美国波士顿。美国思想家、文学家、诗人。——译者注

① Ralph Waldo Emerson, *Essays and Poems* (London: Everyman, 1995), 29.

肺癌发病率也随之发生了相应的变化。当然，没有对人类受试者进行随机试验。

这个敏感性分析涉及的是对人类的观测性研究，特别是关于观察到的吸烟和肺癌之间的关联可能是虚假的这一结论，因为未能对与吸烟和肺癌相关的一些未测量的协变量进行调整。基于他们论文附录里的数学推导，康菲尔德和他的同事们得出结论：未测量的协变量必须非常显著，才能产生吸烟和肺癌之间观察到的联系。他们写道，

> 这是一个定量问题。吸烟者患肺癌的风险是不吸烟者的 9 倍，而每天吸两包以上的吸烟者患肺癌的风险至少是不吸烟者的 60 倍。因此，任何被提议用来衡量吸烟状况和肺癌风险共同原因的特征，在吸烟者中的普遍程度至少是不吸烟者的 9 倍，在每天吸两包烟的吸烟者中的普遍程度至少是不吸烟者的 60 倍。尽管努力寻找，但仍未发现这样的特征。[1]

这个计算是一个重要的概念上的进步。的确，相关并不意味着存在因果关系：任何观察到的关联性都可以用处理分配中由于未能控制未观察到的协变量而产生的足够大的偏差来解释。对此，康菲尔德和他的同事们增加了一个定量维度：为了解释记录数据中实际看到的关联——为了解释需要解释的关联——处理分配中的偏差的大小需要超过一定的范围。乔尔·格林豪斯（Joel Greenhouse）这样说："人们再也不能通过简单地断言某些另外的因素（如遗传因素）可能是真正的原因来反驳观

---

[1] Jerome Cornfield, William Haenszel, E. Cuyler Hammond, Abraham M. Lilienfeld, Michael B. Shimkin, and Ernst L. Wynder, "Smoking and Lung Cancer: Recent Evidence and a Discussion of Some Questions," *Journal of the National Cancer Institute* 22, no. 1 (1959): 193.

相关并不意味着存在因果关系。康菲尔德和他的同事们增加了一个定量维度：为了解释记录数据中实际看到的关联——为了解释需要解释的关联——处理分配中的偏差的大小需要超过一定的范围。

察到的因果关系。现在人们不得不争辩说，这个潜在的混淆因素的相对流行程度大于观察到的假定因果因素的相对风险。"① 人们再也不能说："凡事都可以随意解释。"科学的反诉，就像科学的主张一样，必须满足经验观察所施加的某些限制。在有形的、定量的意义上，敏感性分析实现了布罗斯的目标，即为支持者和批评者提供一个共同的标准。

虽然这是一个关键的概念上的进步，但这种敏感性分析的第一种方法是不适合普遍使用的。该方法仅限于二元结果，因此不适用于其他常见类型的数据。该方法忽略了数据估计值与真实总体数量之间的区别，因此，它可能对小样本量或中等样本量的、其估计值可能不稳定的观测性研究产生误导性评估。观测性研究通常在讨论未测量的协变量之前对可测协变量进行调整，但第一种方法假设没有进行此类调整。第一种方法是专门针对关于吸烟和肺癌的争议而设计的，在这些争议中，所估计的效应是巨大的，从各种意义上说，在效应并非如此巨大但仍然很重要的情境中，它往往会夸大对偏差的敏感性。现代敏感性分析方法克服了这些局限性。其中的一种方法将在下一节应用于第四章的牙周病例子。

现代敏感性分析：吸烟与牙周病

有一种现代敏感性分析方法可以应用于第四章的牙周病数据。② 想象一个有441对的配对随机实验，投掷一枚硬币441次，从一对人中选

---

① Joel B. Greenhouse, "Commentary: Cornfield, Epidemiology and Causality," *International Journal of Epidemiology* 38, no. 5 (2009): 1200.

② Paul R. Rosenbaum, *Design of Observational Studies* (New York: Springer, 2020), chapter 3.

出一个人作为处理组、另一个人作为对照组。无论你在分配处理前对这两个人了解多少,每个人都有一半的可能性成为处理组的人。与第二章类似的推理将给出对无处理效应假说的检验,给出效应大小的估计值,以及进行其他常见的统计推断,如效应大小的置信区间等。当然,人们是自己决定是否吸烟的——他们不是随机分配的——所以第二章的推理不能直接适用。如图 3-2 所示,选择吸烟的人与选择不吸烟的人非常不同:吸烟者更年轻,受教育程度和收入都较低,而且往往是男性。据推测,吸烟者在其他方面也存在差异。在第四章中,匹配消除了可见的差异,但不能指望匹配消除未测量的差异。

与考虑可测协变量同样的方式去考虑未测量的协变量是很自然的。在第四章中,60 岁以上且至少接受过四年大学教育的女性和 60 岁以下且未接受过四年大学教育的男性的吸烟比例差别很大。在第一组中,有 4.3% 的人吸烟,但在第二组中,有 42.3% 的人吸烟,或者是接近 10 倍的差异。经过匹配后,两组吸烟者的比例都在 50% 左右。用类似的术语来考虑未观测到的协变量是很自然的。在所匹配的样本中,一对中的一个人吸烟的概率可能比另一个人高,因为他们在未测量的协变量方面存在差异。

考虑配对 j,即 441 对中的第 j 对,可能是对 $j=247$ 或其他的对。在一个随机配对实验中,第 j 对中第一个人接受处理的概率是 $p_j=1/2$,第二个人接受处理的概率是 $1-p_j=1/2$,因为随机化将一对中的一个人分配给基于投掷公平硬币的处理,而这种处理完全不关心这两个人和他们的属性。通过 p_j 和 $1-p_j$ 可能偏离一半的程度来量化与随机实验的偏离程度是很自然的。如果配对中的两个人在配对 j 中受到处理的机会不同,这个概率 p_j 则将偏离 $1/2$,因为他们在不受匹配控制的属性方面存在差异。考虑投掷 441 枚有偏差的硬币来分配处理,硬币 j 出现

正面的概率为 p_j，出现反面的概率为 $1-p_j$，其中 p_j 不必然是 1/2。

当我们谈论硬币和赌博时，我们说的是赔率（odds）。如果硬币 j 正面出现的概率是 p_j，那么正面出现的赔率是 $p_j/(1-p_j)$。一枚公平的硬币是均匀的，1 比 1 的赔率，或者赔率为 $(1/2)/(1-1/2) = 1/1$。如果 $p_j = 2/3$，那么硬币的偏差很大，正面的赔率是 2 比 1，或者 $(2/3)/(1-2/3) = 2/1$。如果吸烟不会引起牙周病，那么硬币的偏差有多大才能产生图 4-4 中的吸烟者（S）和匹配的对照（mC）箱形图呢？

处理分配的偏差用数字 $\Gamma \geqslant 1$ 来量化。它说的是，硬币的偏差不超过 Γ，这意味着 $p_j/(1-p_j)$ 不超过 Γ，$(1-p_j)/p_j$ 不超过 $1/\Gamma$。如果 $\Gamma = 1$，那么硬币是公平的，$p_j = 1/2$，就像随机实验一样。如果 $\Gamma = 2$，那么硬币可能有很大的偏差，p_j 可能大到三分之二，也可能小到三分之一。如果你在一枚你认为公平的硬币上下注——1 比 1 的赔率或 $\Gamma = 1$——当真正的赔率是 2 比 1 或 $\Gamma = 2$ 时，你可能很快就会输掉很多钱。

数字 Γ 表示的是一个量值，而不是一个偏离 1 比 1 赔率的方向。硬币和概率 p_j 可以从这一对到下一对发生变化，但如果 $\Gamma = 2$，那么 $p_j/(1-p_j)$ 的赔率就在 1 比 2 和 2 比 1 之间。

敏感性分析提出了一个简单的问题：Γ 要多大才能产生图 4-4 中的 S 和 mC 箱形图？如果吸烟真的对牙周病没有影响，那么 Γ 的什么值会导致这么多患牙周病的吸烟者？一个小小的偏差——即 Γ 接近于 1——就能解释图 4-4 中吸烟的表面影响吗？还是需要很大的偏差，比如 Γ 离开 1 很远才可以？

如果 $\Gamma = 1$，也就是说，如果图 4-4 出现在配对随机实验中，那么如果吸烟不会导致牙周病，则能产生这样一个图将是一个奇迹。在没有处理效应的随机实验中，图 4-4 在逻辑上是可能的，但在现实中这是极不可能的；事实上，它的概率是如此之小，以至计算机无法将这个概率与零区分开来。当然，图 4-4 并非来自随机实验，因此没有理由认为 Γ = 1。

考虑处理分配的偏差 Γ = 2，这意味着对每个配对 j 来说有 $1/3 \leqslant p_j \leqslant 2/3$。如果每个 p_j 都是三分之一或三分之二，那么这将与随机或同等处理分配有很大的不同。如果没有吸烟的影响，但每个 p_j 等于三分之一或三分之二，那么你可以在这一次中有三分之二的机会选出获胜者；也就是说，在三分之二的对中，你可以将吸烟赋予患更严重牙周病的人，从而产生吸烟导致牙周病的错误印象。然而，Γ = 2 的偏差太小，无法产生图 4-4。如果 Γ = 2，那么图 4-4 中吸烟产生如此大的表面影响的概率至多为 0.000 018。要么 Γ>2，要么就是吸烟确实会导致牙周病的产生。

图 5-1 是上一段用文字描述的情况的图形。图 5-1 中标记为 P 的箱形图是图 4-4 中实际匹配的牙周病数据，现在表示为 441 名吸烟者减去对照组配对个体在牙周病方面的差值，范围从 −100% 到 100%。在标记为 P 的箱形图中，差值往往是正的而不是负的，因此，典型吸烟者比与他们匹配的对照组患有更广泛的牙周病。标记为 S1、S2 和 S3 的三个箱形图是在没有处理效应的想象世界中，通过投掷偏差为 Γ = 2 的有偏硬币形成的模拟数据集。三个 S 箱形图是根据实际数据、吸烟没有影响的假说，以及 $p_j = 1/3$ 或 $p_j = 2/3$ 的三个有偏硬币投掷 441 次的序列建立的。很明显，在实际数据中，配对之间差值的正向偏移——吸烟者的牙周病更严重——比在三个模拟数据集中更大。图 5-1 表明，在没有吸烟影响的情况下，Γ = 2 的偏差不足以产生我们在实际数据中看到的结果。需要更大的偏差才能产生标记为 P 的箱形图。

我们发现 Γ = 2 的偏差不足以产生如图 4-4 所示的牙周病模式。这是什么意思？Γ 的数值可以用另一种方式来理解。完全相同的偏差可以用未观测到的协变量如何分别与吸烟和牙周病相关来描述。偏差

牙周数据和模拟有偏数据

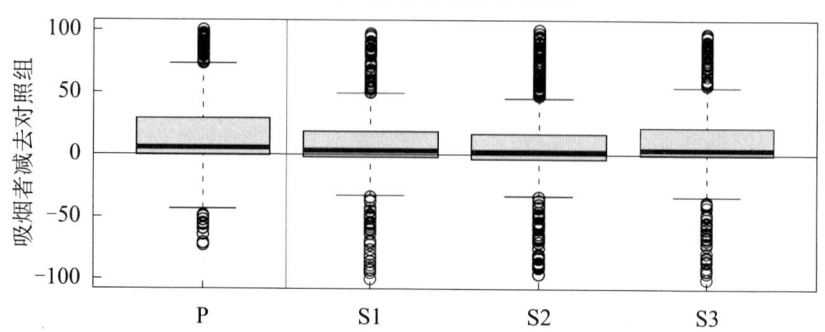

图 5-1 实际吸烟者减去对照组的牙周病的差值（P）与无处理效应且偏差为 Γ=2 的三个模拟样本（S1 至 S3）的比较。

Γ=2 是由一个未测量的协变量产生的，它使吸烟的赔率增加了三倍，使患严重牙周病的赔率增加了五倍。因此偏差 Γ=2 对应于一个与吸烟和牙周病密切相关的未测量的协变量，即使是这样的协变量也无法解释图 4-4。产生更大偏差的协变量当然是可能的，但正如布罗斯强调的那样，如果存在这样一个戏剧性的协变量，那么批评家实在给人以天方夜谭的感觉了。

随着我们做得越来越多，敏感性分析变得越来越有用。我们可以将一项新的观测性研究的敏感性与过去的研究进行比较，而过去的那些研究经受住了时间的考验。这项新研究和过去成功的研究一样对偏差不敏感吗？吸烟是导致肺癌的一个原因，它对巨大的偏差不敏感，并经受住了时间的考验；它对 Γ=5 不敏感。在车祸中使用安全带防止死亡也不受巨大偏差的影响，并经受住了时间的考验；它对 Γ=5 也不敏感。[①] 一篇科学文章可能在报纸上引起轰动，但对微不足道的偏差

---

① 关于吸烟与肺癌，参见 Paul R. Rosenbaum, *Observational Studies* (New York: Springer, 2002), 115, 129。关于安全带与汽车事故，参见 Rosenbaum, *Design of Observational Studies*, 182。

$\Gamma=1.05$ 却很敏感。余若琪（Ruoqi Yu）及其同事讨论了一项观测性研究，该研究对小偏差很敏感，且与随后的随机试验相矛盾。①

敏感性分析的作用

正如本章开始时所指出的，一项观测性研究遭到的是反对，而不是掌声。经验科学是在实验、观测和数据面前进行的关于真理的争论。为了寻求建议，我们再次求助于爱默生，他这样写道："因此，我们的文化绝不能忽略对人的武装。"② 敏感性分析可以保护你免受无谓的反诉。或者，它可以揭示出某种主张的脆弱性，它高度依赖于一个可疑的假设，即人们通过投掷一枚公平的硬币来选择给自己施加处理。敏感性分析不能提供新的经验数据；相反，它根据经验数据，对一种断言的支持者和批评者所断言的内容进行了定量澄清。

---

① Ruoqi Yu, Dylan S. Small, and Paul R. Rosenbaum, "The Information in Covariate Imbalance in Studies of Hormone Replacement Therapy," *Annals of Applied Statistics* 15, no. 4 (2021): 2023–2042.

② Emerson, *Essays and Poems*, 121.

根据经验数据，敏感性分析提供了对一种主张的支持者和批评者所断言的内容的定量澄清。

第六章
观测性研究设计中的准实验装置

难道我们怀疑不需要理由吗？……我们是基于特定理由而怀疑的。

——路德维希·维特根斯坦，《论确实性》

可预期到的反诉

与敏感性分析不同，准实验装置提供了新的数据，旨在通过破坏特定的反诉、破坏特定的怀疑理由来推进所得到的结论。反诉之所以可信，部分原因是批评者提出了一个熟悉的问题——这个问题在过去曾导致错误的结论。尽管一项观测性研究的批评者可能会提出令人惊讶的反诉，但即使不是大多数，也有许多可信的反诉可以在研究开始前预料到，因此，该研究可以预作设计，抵制一些可预期的反诉。准实验装置是一种旨在考察并可能使可预期的反诉无效的策略。对准实验装置的系统研究始于1957年唐纳德·T. 坎贝尔*的工作。可预期的反诉的例子有哪些呢？

药物、医疗程序、心理咨询、经济援助和对犯罪的惩罚可能会产生意想不到的副作用，但在随机试验之外研究副作用时，预计会出现问题并因此提出反诉。如果医生给一个人开了一种药，那么他可能会根据这个人的症状认为这种药是有益的。未接受处理的对照组可能没有症状，或症状不同或较轻。这种模糊性通常被称为"指征混淆"（confounding by indication），意思是很难将处理引起的影响与需要作出该处理的指征区分开来。如果两个人因殴打配偶而被定罪，但只有一个人被监禁，那么他们受到不同的惩罚可能有充分的理由。一个人受到了处理而另一个人没有受到处理，这一事实可能被视为他们不具有可比性的证据，即使他们在现有数据中似乎具有可比性。还有哪些额外的数据可以说明这一反诉呢？

一项新的公共政策——税法的变化，最低工资的提高，或限制购买手枪的法律——通常在立法法案规定的特定日期突然开始实施。对于在该政策范围内的人，在该日期之前，每个人都是属于对照组的；在那之后，每个人都是处理组的个体。将今年接受处理的个人与去年的对照组

---

* 唐纳德·坎贝尔（Donald Thomas Campbell，1916－1996），美国社会心理学家，进化哲学和社会科学方法论方面的重要思想家之一，进化认识论的奠基者。——译者注

与敏感性分析不同，准实验装置提供了新的数据，旨在通过破坏特定的反诉、破坏特定的怀疑理由来推进所得到的结论。

成员进行比较，预期就会面临反诉：今年和去年在很多方面都不同；例如，去年天气很糟糕，人们待在家里，但今年股市崩盘，人们感觉更穷了。可预期的反诉是：今年的政策变化只是去年和今年诸多不同点中的一个，也许去年和今年的结果变化并不是政策变化造成的影响。什么样额外的数据可以应对这一反诉呢？

两个对照组

阿奇霉素是一种抗生素药物。其他与阿奇霉素密切相关的抗生素药物被认为与罕见的心源性猝死有关，可能由心律失常引起。利用田纳西州医疗补助计划的数据，韦恩·雷（Wayne Ray）和他的同事提出的问题是：在阿奇霉素治疗开始后的 5 天内心源性死亡人数是否增加？什么是自然的对照组？用阿奇霉素治疗的患者应该与谁比较？①

雷和同事们使用了两个对照组。他们比较了接受阿奇霉素治疗的患者和未接受抗生素治疗的患者，即第一个对照组。第二个对照组由接受了阿莫西林治疗的患者组成，阿莫西林可能是代替阿奇霉素的处方。对单独使用的任一对照组均可提出异议或反诉。

抗生素通常用于被认为有细菌感染的患者，因此大多数接受阿奇霉素治疗的患者可能有感染，而第一个对照组的大多数人没有感染症状。单独使用第一个对照组，很难区分阿奇霉素引起的部分心源性死亡或某些感染引起的部分心源性死亡两种情况。与第一个对照组相比，阿奇霉素组心源性死亡人数过多可能并不表明阿奇霉素是导致这些死亡的

---

① Wayne A. Ray, Katherine T. Murray, Kathi Hall, Patrick G. Arbogast, and C. Michael Stein, "Azithromycin and the Risk of Cardiovascular Death," *New England Journal of Medicine* 366, no. 20 (2012): 1881-1890.

原因。

第二个对照组也接受了一种抗生素，尽管是不同的抗生素，所以阿奇霉素组和阿莫西林组的患者都可能有细菌感染。第二个对照组消除了第一个对照组的一个关键问题，但是阿莫西林对照组有它自己的问题。如果阿奇霉素和阿莫西林都导致心源性死亡，并且程度是相同的，那么，尽管阿奇霉素会导致死亡，但这两组患者的心源性死亡率相比并无差异。

两个对照组共同创造了一个研究设计，比任何一个对照组单独进行的研究设计都更明确。如果与两个对照组相比，阿奇霉素组的心源性死亡人数过多，那么这一发现不容易被排除为可能是由感染引起的，而不是由阿奇霉素引起的。毕竟，阿莫西林组的患者也有感染。如果阿奇霉素组和阿莫西林组在心源性死亡方面相似，发生率高于第一个对照组，那么我们在将这些死亡归因于阿奇霉素治疗之前应该谨慎行事。这样的发现仍然模棱两可：也许阿奇霉素和阿莫西林都会导致心源性死亡，或者潜在的感染是原因，但没有理由特别关注阿奇霉素作为需要避免使用的那一种抗生素。

事实上，在对第四章中的可测协变量进行调整后，雷和他的同事发现，与每个对照组（包括未经治疗的对照组和阿莫西林对照组）相比，阿奇霉素组的心源性死亡人数都更多。

刚才描述的例子是成功使用准实验装置的典型例子。最合理的反诉被提前预期到，并通过额外的数据和额外的比较来加以应对。这种额外的比较削弱了那种最合理的反诉，但它并没有消除所有可能的反诉。

两个对照组的逻辑

当我们考虑添加第二个对照组时，我们应该寻求什么属性？为了发挥作用，第二个对照组必须与第一个对照组在某些相关方面有所不同。我将提到一条推理思路，它最初是由实验心理学家 M. E. 比特曼（M. E. Bitterman）提出的，由社会科学家唐纳德·T. 坎贝尔发展而来。[1] 它就是"系统变异控制"（control by systematic variation）。

如果不采取先发制人的措施，有一个协变量很可能成为异议和反诉的基础。也许协变量没有被测量或测量不充分。研究者不是测量协变量并对其进行调整，而是系统地改变协变量。也就是说，研究者发现两个对照组在这个协变量上明显有很大的不同，即使协变量本身没有被测量。在雷及其同事的研究中，该协变量是感染的存在和症状，很明显，未经治疗的对照组比阿莫西林对照组感染和感染症状更少。假设研究者发现这两个对照组尽管在未测量的协变量方面存在很大差异，但结果相似，正如雷及其同事的研究中所发生的那样，那么，这一发现往往会削弱一项反诉，即处理组和两个对照组由于未能控制的协变量而产生了不同的结果。

除了未处理的对照组之外，还有未处理的对应组

工作是要付出昂贵的费用的。这里面有交通费用，通常还有儿童保育费用。一个带孩子的单身母亲可能会发现，照顾孩子的费用超过了她工作所取得的收入。劳动所得税抵免（EITC）是一种负所得税的形式，用于补贴一些收入较低的个人，以弥补他们为工作而付出的费用。EITC经常得到两党的支持，因为它旨在帮助穷人，同时鼓励他们工作，最终目标是实现自给自足。1986年的《税收改革法案》扩大了从1987年开

---

[1] Donald T. Campbell, *Methodology and Epistemology for Social Science: Selected Papers 1957-1986* (Chicago: University of Chicago Press, 1988), 177-179.

始的 EITC。这一法案奏效了吗？这种扩大对劳动力参与率有什么影响？是否使人们加入了劳动力大军？

纳达·艾莎（Nada Eissa）和杰弗里·利布曼（Jeffrey Liebman）试图用在 EITC 扩大之前的 1985—1987 年以及扩大之后的 1989—1991 年的美国当前人口调查来回答这个问题。在一项比较中，他们考察了没有高中学历但有孩子的未婚女性。根据 1986 年《税收改革法案》，许多这样的妇女有资格获得所增加的福利。在这一群体中，劳动力参与率上升了 1.8 个百分点，从 1985—1987 年的 47.9% 上升到 1989—1991 年的 49.7%。艾莎和利布曼既提供了这样的简单比较，也提供了对协变量进行调整的比较，如第四章所做的那样；不过，在下面的简短讨论中，我只描述其中一些简单的比较。

这 1.8 个百分点的劳动力参与率增长是由 1986 年的《税收改革法案》引起的吗？也许是这样，但经济的许多方面每年都在变化。处理组与对照组的比较可能会受到这样的反诉：也许劳动力参与率的增加反映了某种总体经济趋势，而不是 1986 年《税收改革法案》造成的任何影响。当然，艾莎和利布曼预料到了这种反诉，并试图解决它。

大多数女性没有资格获得 EITC。没有孩子的女性和收入不低的女性通常没有资格获得 EITC。在 1987 年之前或之后，不符合条件的女性没有直接受到 1986 年《税收改革法案》的 EITC 规定的影响，因此她们提供了一些总体经济趋势的指征，而没有混合 EITC 的影响。无论从定义上还是从行为上看，不符合条件的女性都与符合条件的女性不同，所以它们与对照组完全不同。特别是，这些女性在 1987 年之前和之后都更有可能加入劳动力大军。我将这些女性称为"对应组"（counterparts），以区别于可比较的对照组。

111　　假设两个对照组的结果相似，尽管在未测量的协变量方面存在很大差异。那么，这往往会削弱一项反诉，即处理组和两个对照组由于未能控制协变量而产生了不同的结果。

艾莎和利布曼考虑了两个对应组。第一个对应组是高中以下学历但没有孩子的未婚女性。第二个对应组是至少有高中学历、有孩子的未婚女性。第二组中的一些女性将有资格获得 EITC，但符合收入要求的女性要少得多。我们对这些对应组进行考察，以了解她们是否以及如何受到总体经济趋势的影响。

第一个对应组的劳动力参与率下降了 2.3 个百分点，从 1985—1987 年的 78.4% 下降到 1989—1991 年的 76.1%。第二个对应组的劳动力参与率从 1985—1987 年的 91.1% 上升到 1989—1991 年的 92%，增幅为 0.9 个百分点。再次强调，第二组中的一些低收入者可能受到了 EITC 的影响。

两个对应组回应了对以类似方式影响每个人的总体经济趋势的担忧。与 1985—1987 年的对照组相比，1989—1991 年处理组的劳动力参与率提高了 1.8 个百分点，高于第一个对应组 2.3 个百分点的降幅和第二个对应组 0.9 个百分点的增幅。

1.8 个百分点的增长并不能轻易地被视为总体经济趋势所带来的影响，因为这一趋势在其他对应组中并不明显。一个准实验装置——两个涉及对应组的新增比较——削弱了一个自然的反诉，从而加强了因果关系的推断。

解决可预期的反诉

准实验装置利用削弱可预期的反诉的数据来加强因果推断。准实验装置如同实验室中的不懈努力。通过在观测性研究的设计中加入一些元素，可以解决可预期的反诉。正确的解释是通过挨个排除错误的解释而逐步得到的。

114　准实验装置利用削弱可预期的反诉的数据来加强因果推断。

第七章

自然实验、断点和工具变量

对反复无常和混乱无序的怀恋。

——E. M. 齐奥朗[*],《历史与乌托邦》

---

[*] E. M. 齐奥朗(E. M. Cioran,1911—1995),罗马尼亚旅法哲人,20 世纪怀疑论、虚无主义重要思想家,以文辞精雅新奇、思想深邃激烈见称。——译者注

在一个原本有偏差的世界中进行随机分配的那些事儿

这个世界包含了一些真正的随机性。有些彩票是真正随机的,就像随机试验是真正随机的一样。美国的一些州和欧洲的一些国家扮演着赌场的角色,通过发行彩票筹集资金来支持公共服务。某种形式的公共援助——比如补贴住房——可能会被超额认购,因此需要依靠抽签来决定谁能获得补贴住房,谁不能获得补贴住房。特许学校学生的有限名额可能也是如此这般加以确定的。这些和类似的情况通常被称为自然实验。自然随机性有用吗?听起来很有用。

两个特许学校学生名额的抽签——一个在纽约市,另一个在路易斯安那州——对特许学校的有效性给出了相反的结论。[1] 也许特许学校并不都是一样的,有些效率更高,有些效率更低。

大自然有它自己的彩票。你的母亲每个基因都有两个不完全相同的副本,她随机选择了一个副本给她的每个孩子。也就是说,她的每个卵细胞都含有每个基因的一个副本或另一个副本,但卵子中含有哪个副本与哪个卵细胞和你父亲的精子相遇并产生你没有任何关系。幸运的是,你和你的兄弟拥有相同的特定基因副本,但你的妹妹拥有另一个副本。你和你的兄弟姐妹从你父亲那里得到的基因情况几乎相同,但又不完全相同。所以你和你的兄弟姐妹组成了一个小的随机实验,可以探索由你

---

[1] Will Dobbie and Roland G. Fryer Jr., "The Medium-Term Impacts of High-Achieving Charter Schools," *Journal of Political Economy* 123, no. 5 (2015): 985–1037; Atila Abdulkadiroglu, Parag A. Pathak, and Christopher R. Walters, "Free to Choose: Can School Choice Reduce Student Achievement?," *American Economic Journal: Applied Economics* 10, no. 1 (2018): 175–206.

母亲的每个基因的两个副本之间的差异所引起的影响。这有用吗？事情肯定比这复杂得多。嗯，是的，实际上，它比这更复杂，然而，尽管复杂，但它还是有用的。

有时，彩票随机化了一些东西，但它随机化得不是很彻底。在布莱恩·雅各布（Brian Jacob）和詹斯·路德维希（Jens Ludwig）的一项基于住房补贴随机配给的研究中，住房补贴的发放是随机抽签完成的，但发放后，很多人拒绝了这项福利。① 估计获得补贴资格的影响很简单，因为补贴资格是随机产生的。就大多数目的而言，认识实际接受补贴的影响更有意义，但这不是随机的。如果抽签是随机的，而又不够彻底，那它怎么还能有用呢？有关于此的答案就涉及所谓的工具或工具变量。

来自彩票的自然实验

收到一堆现金会降低个人破产的风险吗？或者，对于陷入财务困境的人来说，一大笔现金是否无关紧要？斯科特·汉金斯（Scott Hankins）、马克·霍克斯特拉（Mark Hoekstra）和佩奇·马尔塔·斯基巴（Paige Marta Skiba）利用佛罗里达梦幻5号彩票的数据解决了这个问题。② 佛罗里达梦幻5号彩票是美国佛罗里达州经营的彩票。梦幻5号彩票给正确猜对5个随机数字的人提供大笔奖金，而在某些情况下，它给正确猜对5个数字中的4个的人的奖金要小得多。汉金斯和他的同事比

---

① Brian A. Jacob and Jens Ludwig, "The Effects of Housing Assistance on Labor Supply: Evidence from a Voucher Lottery," *American Economic Review* 102, no. 1 (2012): 272–304.

② Scott Hankins, Mark Hoekstra, and Paige Marta Skiba, "The Ticket to Easy Street? The Financial Consequences of Winning the Lottery," *Review of Economics and Statistics* 93, no. 3 (2011): 961–969.

这个世界包含了一些真正的随机性。自然随机性有用吗？听起来很有用。

较了大赢家（比如 5 万～15 万美元）和小赢家（比如不到 1 万美元）的破产率。他们探究了 14 668 名奖金不到 1 万美元的小赢家和 1 212 名奖金在 5 万～15 万美元之间的大赢家。在获胜后的第 0 年到第 2 年，大赢家的破产率低于小赢家，但在第 3 年到第 5 年，大赢家的破产率更高，所以从第 0 年到第 5 年，总的来说，大赢家和小赢家的破产率大致相同。

美国政府的住房补贴是鼓励还是阻碍了工作？我们首先想到的是，救助只会起到帮助作用。第二种想法是，补贴可能会抑制人们工作的积极性，因为随着工作收入的增加，补贴会减少。布莱恩·雅各布和詹斯·路德维希写道："经济理论就劳动力供给对经济状况调查住房计划的反应方向，更不用说幅度，做出了模棱两可的预测。"[1] 他们在芝加哥发现了一个自然实验。1997 年，芝加哥住房管理局（Chicago Housing Authority Corporation）的住房券太少，无法满足需求，于是，82 607 个符合条件的申请家庭被随机分配到等候名单上，等候名单上的第一个家庭优先被提供住房券。到 2003 年，已向名单上的 18 100 个家庭提供了住房券。他们分析的一个方面是比较了被提供住房券的家庭和没有被提供住房券的家庭。住房券的提供由等候名单上的位置决定，而等候名单是随机的。布莱恩·雅各布和詹斯·路德维希发现，与未被提供住房券的等候名单上更靠后的家庭相比，被提供住房券的家庭户主的就业率和收入略有下降。稍后，我们将考虑接受住房券的影响——这不是随机的。

大自然的自然实验之一：兄弟姐妹的基因

制造你身体的诸多分子之一是细胞毒性 T 淋巴细胞抗原-4 或 CT-

---

[1] Jacob and Ludwig, "The Effects of Housing Assistance on Labor Supply," 273.

LA-4，它在调节免疫系统的活动中起着重要作用。在你的 DNA 中有一个基因，也被称为 CTLA-4，它描述了如何制造 CTLA-4 分子。基因是制造一种重要分子的一组指令。基因是由四个字母组成的字母表中的一长串分子字母组成的。你的母亲有两个这种基因的副本，你的父亲也有。事实上，这种基因有两个版本——让我们称之为 A 和 a——只有一字之差。想象两页文本：文本 A 和文本 a，它们几乎完全相同，除了一个特殊的地方：文本 A 中的一个字母被换成了另一个字母，产生了文本 a。想象文本 A 是在英国用英语写的，文本 a 是在美国写的，所以这两页文本几乎完全相同，除了一个单词中的一个字母在美国与英国拼写不同。有时，改变一长串指令中的一个字母并不会改变由这些指令构建的分子，有时，它会以无害的方式改变分子。然而，有时改变一个字母会深刻地改变分子的功能。比杰耶斯瓦·韦德亚（Bijayeswar Vaidya）和他的同事们想知道，A 和 a 之间的差异是否在导致格雷夫斯病（一种涉及甲状腺的自身免疫性疾病）中起了作用。[1]

韦德亚和同事观察了一对兄弟姐妹，其中一人患有格雷夫斯病。图 7-1 是一对兄弟姐妹的假想例子，其中母亲有一个 A 的副本和一个 a 的副本，父亲有两个 A 的副本。在这个特殊的亲属同胞关系中，每个孩子肯定会从父亲那里得到 A，并从母亲那里得到 A 或 a，每个都有一半的概率。幸运的是，在这个亲属同胞关系中，一个女儿是 AA，另一个女儿是 Aa。不管父母的基因如何，两个女儿的基因构成可能同样容易逆转：在这种情况下，女儿 1 可能是 Aa，女儿 2 可能是 AA。正是从

---

[1] Bijayeswar Vaidya, Helen Imrie, Petros Perros, Eric T. Young, William F. Kelly, David Carr, David M. Large, et al., "The Cytotoxic T Lymphocyte Antigen-4 Is a Major Graves' Disease Locus," *Human Molecular Genetics* 8, no. 7 (1999): 1195–1199.

这个意义上说，两个兄弟姐妹中实际存在的基因型类似于将这两个基因型随机分配给这两个孩子。在一对兄弟姐妹中，基因型的随机逆转是可能的，这种所谓的可交换性是戴维·柯蒂斯（David Curtis）、理查德·施皮尔曼（Richard Spielman）和沃伦·尤恩斯（Warren Ewens）等人开发的几项测试的基础，这些测试是关于遗传标记——一个字母的差异——与疾病的遗传原因密切相关的假说的。① 如果我们像韦亚德和他的同事们那样看到，患有格雷夫斯病的兄弟姐妹通常有过多的 A 基因，而那些没有格雷夫斯病的兄弟姐妹通常有过多的 a 基因，那么我们就有充分的理由相信，接近 CTLA-4 基因上的 A/a 标记在引起格雷夫斯病中起一定作用。

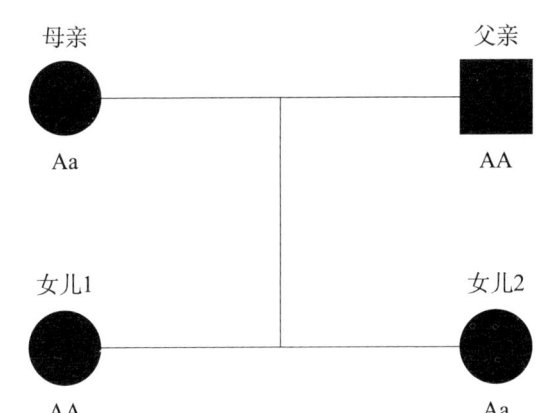

图 7-1 由父母和两个女儿组成的一个亲属同胞关系。母亲有 CTLA-4 的 A 版本的一个副本和 a 版本的一个副本，而父亲有 A 版本的两个副本。两个女儿都从父亲那里得到 A，她们有一半的概率从母亲那里得到 A 或 a。

图 7-1 中有几种随机性，兄弟姐妹的比较使用了一种类型。图中的第一个女儿是 AA，而第二个女儿是 Aa；然而，在相同的概率下，

---

① David Curtis, "Use of Siblings as Controls in Case-Control Association Studies," *Annals of Human Genetics* 61, no. 4 (1997): 319-333; Richard S. Spielman and Warren J. Ewens, "A Sibship Test for Linkage in the Presence of Association: The Sib Transmission/Disequilibrium Test," *American Journal of Human Genetics* 62, no. 2 (1998): 450-458.

可能会出现相反的情况，即第一个女儿是 Aa，第二个女儿是 AA。这些概率是可交换的：交换两个女儿，概率不会改变。事实上，对于 CTLA-4 和整个基因组来说，这对父母可能先生了女儿 2，然后又生了女儿 1，这与他们先生女儿 1 然后生女儿 2 的概率是一样的，不管这个概率有多大。我们在这里谈论的是她们的基因；显然，出生在一个有姐姐的家庭可能会影响出生后的情况。

我们知道图 7-1 中女儿们的概率是可交换的，而不需要看父母的基因。这在研究通常发生在晚年的疾病中很重要，如阿尔茨海默病。当女儿患上阿尔茨海默病时，父母可能早已去世，因此，在研究开展时，父母的基因可能无法获得。因此，无论父母的基因组如何，女儿都是可以交换的，这很方便；比较兄弟姐妹时不需要父母。

例如，斯塔夫拉·罗马斯（Stavra Romas）及其同事根据 APOE 基因的 APOEε4 变体或等位基因的频率将阿尔茨海默病病例与兄弟姐妹对照组进行了比较。[①] 如果该等位基因与阿尔茨海默病无关，则兄弟姐妹之间公平共享 APOEε4 等位基因将导致阿尔茨海默氏症患者预期有 57.78 个 APOEε4 等位基因，而观察到的是 74 个。如果 APOEε4 等位基因与阿尔茨海默氏症无关，那么与兄弟姐妹相比，病例中等位基因的超额过量发生的概率只有 0.000 005 79。

因此，在遗传学中，兄弟姐妹的比较形成了一个自然实验，即使父母的遗传信息不可用。如果父母健在，但没有兄弟姐妹，此时该怎么办呢？

[①] Stavra N. Romas, Vincent Santana, Jennifer Williamson, Alejandra Ciappa, Joseph H. Lee, Haydee Z. Rondon, Pedro Estevez, et al., "Familial Alzheimer Disease among Caribbean Hispanics: A Reexamination of Its Association with APOE," *Archives of Neurology* 59, no. 1 (2002): 87-91.

大自然的自然实验之二：假想的兄弟姐妹

女儿1和女儿2的比较在图7-1中使用了一个随机片段，但还有其他片段同样有用。如果我们知道这个图中父母的基因，那么我们就会知道这些父母的每个孩子要么是Aa，要么是AA，每个的概率都是一半。即使两个女儿实际上都是AA，我们也会知道这一点。即使只有一个女儿，我们也会知道这一点。

如果父母双方都是Aa，情况就会稍微复杂一些。在这种情况下，母亲和父亲都可以贡献A，生出一个AA的孩子。或者母亲和父亲也都可以贡献a，生出一个aa的孩子。或者母亲贡献A，父亲贡献a，生出一个Aa的孩子。再或者母亲贡献a，父亲贡献A，还是生出一个Aa的孩子。是什么决定了会发生什么呢？这取决于哪个精子细胞与哪个卵子细胞相遇，这基本上是随机的。这四种情况的概率相等，均为四分之一，因此，AA以四分之一的概率出现，aa以四分之一的概率出现，Aa以$1/4+1/4=1/2$的概率出现。即使只有一个孩子碰巧是AA，我们也知道这一点。

假设我们有三人组的基因信息——父母两人和一个孩子——孩子在生命早期被诊断出患有某种疾病，比如自闭症。我们需要早期诊断，因为我们需要来自父母的基因信息。总有一天，基因信息可能会以电子方式永远为每个人存储，这样就不需要早期诊断了。

给定父母双方和一个患有疾病的孩子这三者的遗传信息，我们可以来测试基因变体或等位基因A或a在染色体上是否与疾病的遗传原因接近。这种方法是由理查德·施皮尔曼、拉尔夫·麦金尼斯（Ralph

McGinnis）和沃伦·尤恩斯提出的，被称为传播不平衡测试（TDT）。[1] 该测试表明，如果等位基因与疾病的遗传原因不接近，那么患有该疾病的儿童应该是 AA、Aa 或 aa，其概率由其父母决定，如图 7-1 所示。如果这些概率不能描述患病儿童——例如，如果有过量的 A 和不足的 a——那么这就是染色体上 A/a 附近基因原因的证据。否则，受孕时 A 的过量怎么会与后期疾病有关？

TDT 的一个引人注目之处在于，每个被研究的儿童都患有这种疾病。患病儿童不能与其他没有患病的儿童相比。将患病儿童与他们假设的兄弟姐妹——这一对父母可能生出的所有兄弟姐妹——进行比较。两个实际的兄弟姐妹，如图 7-1 所示，反映了一些运气的成分：两个女儿可能都是 AA 或 Aa，而不是图 7-1。相比之下，一旦知道父母的基因型，这一对父母可能会生的孩子以及这些孩子的相对频率就知道了。

约瑟夫·多尔蒂（Joseph Dougherty）及其同事使用 TDT 研究了 Celf6 基因的两种变体及其在自闭症中的可能作用。[2] 其中一种变体在自闭症男性中的出现频率高于根据父母的基因组所预期的频率。这是一项复杂的研究，尤其是因为它检测了相当多的基因。

作为自然实验的断点设计

彩票有时被用来公平分配稀缺资源，但并不常见。更多的时候是先

---

[1] Richard S. Spielman, Ralph E. McGinnis, and Warren J. Ewens, "Transmission Test for Linkage Disequilibrium: The Insulin Gene Region and Insulin Dependent Diabetes Mellitus (IDDM)," *American Journal of Human Genetics* 52, no. 3 (1993): 506–516.

[2] Joseph D. Dougherty, Susan E. Maloney, David F. Wozniak, Michael A. Rieger, Lisa Sonnenblick, Giovanni Coppola, Nathaniel G. Mahieu, et al., "The Disruption of Celf6, a Gene Identified by Translational Profiling of Serotonergic Neurons, Results in Autism-Related Behaviors," *Journal of Neuroscience* 33, no. 7 (2013): 2732–2753.

到先得。或者说，是那些最需要它的人最可能得到它。或者以其他方式对人们进行排序，排序靠前的人接受处理，排序靠后的人进入对照组。在这种情况下，有类似自然实验的地方吗？

你想买音乐会的票。你怀疑它会很快卖光，所以你提前三个小时到达。你到的时候售票处已经排起了长队。你可以看到排在队伍最前面的人都有睡袋；他们在外面露营，以确保能买到票。经过两个小时的等待，你回头看，队伍的长度增加了一倍，人们不断加入。排在队伍前面的人与刚加入队伍的人非常不同；露营买票的人，不同于那些异想天开地看看是否还有票的人。队伍开始移动，门票已经开始出售，站在最前面的人正在取票。你希望你能在售票处的票售罄之前轮到。在你轮到之前或之后的某个时候，有人从售票处出来，挥手示意人们离开，说："没票了，售票处关门了。"这听起来不像是随机分配门票。这种情况的哪个方面类似于随机分配？

在某个时点，有一对夫妇买到了最后两张票，下一对夫妇只能眼巴巴地看着售票处的门在他们面前关上。两对夫妇都希望能买到票，并担心自己可能会被拒之门外，但幸运的是，第一对夫妇拿到了票，第二对夫妇则没有拿到票。第一对夫妇的好运气和第二对夫妇的坏运气并不是完全随机的分配——第一对夫妇确实在不久前加入了队伍——但这几乎可以说是随机分配。两对夫妇都没有露营，也都没有来得晚得离谱。对买到票的人和被拒之门外的人进行比较，是在比较两组不可比的群体，比如那些带着睡袋的人和那些在售票处即将关闭时加入队伍的人。对最后一个拿到票的人和第一个被拒之门外的人进行比较——对门砰地关上时站在门内外的人进行对比——更公平。

刚才描述的情况是唐纳德·西斯尔思韦特（Donald Thistlethwaite）

和唐纳德·坎贝尔"断点设计"的基础。[①] 对处理组和对照组的分配沿着某个连续统在某个断点处突然间断，例如在音乐会的例子中，当门砰地关上时，情况就是这样。在断点附近，有一个自然实验；在与断点相去甚远的地方，就完全不像是一个自然实验了。这种想法是：随着你沿着连续统移动，人们会有系统性的不同，但系统性的变化是逐渐发生的，而从处理到对照的转变是彻底而突然的；门砰地一下就关上了。

约翰·迪纳多（John DiNardo）和戴维·李（David Lee）使用断点设计来研究工会化对工资的影响。工会会为工人争取更高的工资吗？它们会给雇主带来更高的成本吗？工会化的企业和没有工会化的企业在很多方面不一样。这里存在自然实验吗？迪纳多和李观察到，"我们的分析是基于这样一个事实，即大多数新的工会化都是由无记名投票选举产生的……这一过程在面临工会选举堪堪获胜的企业和面临工会选举堪堪落败的企业之间产生了一系列自然的比较。"[②] 他们几乎没有发现证据表明 1984—1999 年的劳工组织运动导致工会成员的工资上涨，但也几乎没有证据表明他们对新加入工会的企业施加了更高的成本。

断点可以是地图上的线，而不是线上的点。住在同一条街对面的孩子可能会被迫上不同的公立学校，其中一所比另一所好。家长们认为更好的公立学校值多少钱？桑德拉·布莱克（Sandra Black）比较了街道两侧的房价，这些街道划定了学区边界。[③]

[①] Donald L. Thistlethwaite and Donald T. Campbell, "Regression-Discontinuity Analysis: An Alternative to the ExPost Facto Experiment," *Journal of Educational Psychology* 51, no. 6 (1960): 309-317.

[②] John DiNardo and David S. Lee, "Economic Impacts of New Unionization on Private Sector Employers: 1984-2001," *Quarterly Journal of Economics* 119, no. 4 (2004): 1385.

[③] Sandra E. Black, "Do Better Schools Matter? Parental Valuation of Elementary Education," *Quarterly Journal of Economics* 114, no. 2 (1999): 577-599.

在美国的一些州和城市，选民可以将立法法规放在选票上，供选民通过。选民不只是投票给立法者，希望立法者能制定法律，而是让选民自己在选票上制定法律。这样的提案投票是否会导致选举投票率上升？卢克·基尔（Luke Keele）、罗西奥·蒂蒂乌尼克（Rocio Titiunik）和乔斯·朱比扎瑞塔（José Zubizarreta）通过比较有提案投票和没有提案投票的相邻投票区边界附近的投票来研究这个问题。①

鼓励实验：你能通过随机化一种处理来了解另一种处理吗？

保罗·霍兰（Paul Holland）的随机鼓励实验中出现了一个最简单的工具变量的例子，比如鼓励戒烟。② 也许可以对鼓励组与没有鼓励的组进行比较，或者对鼓励做一件事与鼓励做另一件事进行比较，也许还可以比较做同一件事的不同形式的鼓励。根据定义，随机鼓励实验具有三个显著特征：研究者在实验中随机为个体分配鼓励类型；研究者无法控制个人是否听从鼓励并做他们被鼓励做的事情；鼓励对那些忽视它并做他们无论如何都会做的事情的人没有影响。第三个条件有一个技术名称："排除性限制"。它可能是真的，也可能不是真的，它只与鼓励实验可能要回答的几个问题之一有关。如果我们研究的是鼓励戒烟对肺功能的某个生物学指标的影响，那么鼓励戒烟影响肺功能似乎只有可能是通过鼓励导致了吸烟行为的改变，因此排除性限制似乎是合理的。相反，

---

① Luke Keele, Rocio Titiunik, and José R. Zubizarreta, "Enhancing a Geographic Regression Discontinuity Design through Matching to Estimate the Effect of Ballot Initiatives on Voter Turnout," *Journal of the Royal Statistical Society*, series A (2015): 223–239.

② Paul W. Holland, "Causal Inference, Path Analysis and Recursive Structural Equations Models," *Sociological Methodology* 18 (1988): 449–484.

如果我们在研究对某种满足感指标的影响,那么第三个条件似乎是错误的:被鼓励戒烟而不成功可能会令人沮丧和失望,因此可能会影响满足感。

在鼓励实验中有两个可能的问题:鼓励的效果是什么?做别人鼓励你做的事情有什么效果?在随机鼓励实验中,第一个问题相对容易回答,因为鼓励是随机的。就第一个问题而言,鼓励作为一种处理并没有什么特别之处,也不需要排除性限制来回答第一个问题。第二个问题更为复杂,因为研究人员不能随机指定一个人戒烟。戒烟并不容易,成功的人和失败的人可能截然不同。排除性限制与第二个问题有关。对于第二个问题,研究者随机化了一些东西,但不是彻底的随机化。这有用吗?

例如,贾德森·布鲁尔(Judson Brewer)及其同事进行了一项随机试验,比较了两个旨在鼓励和促进戒烟的项目:一个是强调正念训练(MT)的新项目,一个是美国肺脏协会标准的"远离吸烟"(FFS)项目。他们得出结论:"与那些随机接受 FFS 干预的人相比,接受 MT 的人在接受处理期间表现出更大的吸烟减少率,并在随访中保持了这些成果。"[1] 研究人员在回答第一个问题:MT 和 FFS 之间有什么区别?这两种鼓励戒烟的形式之间的区别是什么?他们得出结论,认为一种鼓励形式比另一种形式更有效。他们的研究只是一项随机试验,其中处理恰好是鼓励行为改变的不同方式。对于第一个问题——关于鼓励的效果——随机鼓励实验没有什么特别之处。

---

[1] Judson A. Brewer, Sarah Mallik, Theresa A. Babuscio, Charla Nich, Hayley E. Johnson, Cameron M. Deleone, Candace A. Minnix-Cotton, et al. , "Mindfulness Training for Smoking Cessation: Results from a Randomized Controlled Trial," *Drug and Alcohol Dependence* 119, no. 1 - 2 (2011): 72.

鼓励的效果是什么？ 做别人鼓励你做的事有什么效果？ 对于第二个问题，研究者随机化了一些东西，但不是彻底的随机化。 这有用吗？

如果你试图回答第二个问题，那么会发生什么？如果你是那种通过戒烟来回应鼓励的人，戒烟会改善你的肺功能吗？该实验没有——也不能——将戒烟随机化，但这是一个完全合理的问题。

你希望在与第二个问题相关的鼓励实验中看到什么？一方面，如果戒烟改善了肺功能，如果接受 MT 治疗的人比接受 FFS 治疗的人多，那么 MT 组的肺功能会更好。另一方面，在 MT 组和 FFS 组中，实验中只有一小部分人在开始治疗 17 周后有所节制，具体来说，MT 组为 31%，FFS 组为 6%。戒烟很难，大多数人都没有听从鼓励。据推测，戒烟造成的影响要比通过更好的鼓励而戒烟造成的影响大得多，因为即使有更好的鼓励，很多人也不会戒烟。这种推理有意义吗？或者更确切地说，它什么时候有意义？什么时候没有意义？在这条推理路线中隐藏着什么假设？如果这些假设被明确化，那么关于戒烟的效应大于鼓励戒烟的效应，能否得到更多直觉以外的结论？如果假设是明确的，它们会对戒烟的效应做出估计吗？MT 导致 31%－6%＝25% 多的人戒烟，或者每四个人中就多一个人戒烟，那么戒烟对肺功能的影响应该是接受 MT 而不是 FFS 的影响的四倍，这个结论荒谬吗？因为很多人不戒烟，所以说鼓励戒烟的效应是实际戒烟效应的稀释，但如果我们允许稀释，那么我们就会看到戒烟的效应，这个结论荒谬吗？这并不荒谬，但要想让这一推理变得有意义，还需要更多。

工具变量和顺从者平均因果效应

考虑一下鼓励戒烟的简化版本，在这个版本中，人们要么接受鼓励戒烟，要么不接受鼓励，他们要么戒烟，要么不改变他们的吸烟行为。这比布鲁尔及其同事的实际研究更简单，部分原因是它排除了在不戒烟的情况下减少吸烟的可能性。通过这个小的简化和其他一些简化，本节将描述关于工具变量和所谓的顺从者（complier）平均因果效应的一个重要结果。这一结果归功于约书亚·安格里斯特（Joshua Angrist）、吉多·因本斯（Guido Imbens）和唐纳德·鲁宾（Donald Rubin）。[①]

回到第一章中的吉姆和詹姆斯，其中吉姆在受到鼓励的情况下具有肺功能 r_{Tk}，如果不被鼓励则具有肺功能 r_{Ck}，而詹姆斯在受到鼓励的情况下具有肺功能 r_{Tj}，如果不被鼓励则具有肺功能 r_{Cj}。鼓励对吉姆的效应为 $r_{Tk}-r_{Ck}$，对詹姆斯的效应为 $r_{Tj}-r_{Cj}$，因此两者加在一起，鼓励对肺功能的平均效应为 ATE＝（1/2）×($r_{Tk}-r_{Ck}+r_{Tj}-r_{Cj}$)。如果有很多像吉姆和詹姆斯这样的人，那么以类似的方式，鼓励的平均效应 ATE 就是他们所有人的平均效应。假设我们随机挑选了其中一半的人，将他们分配给鼓励组，对其他人则不予鼓励。在第一章和第二章中，我们发现，在一项大型随机实验中，鼓励组和不被鼓励组的平均肺功能差异很好地估计了鼓励对肺功能的平均效应。这一切都和第一章和第二章一样，因为 ATE 是鼓励的平均效应，而鼓励是一种随机处理方法。到目前为止，这并不是什么新鲜事。

除了肺功能外，无论有没有鼓励，吉姆或詹姆斯都可能戒烟。戒烟只是另一个结果，同样的考虑也适用于这第二个结果。戒烟由 1 表示，而不戒烟由 0 表示。那么吉姆的 $q_{Tk}=1$ 表示如果受到鼓励她会戒烟，$q_{Tk}=0$ 表示如果受到鼓励她也不会戒烟，$q_{Ck}=1$ 表示如果不被鼓励她也会戒烟，而 $q_{Ck}=0$ 表示如果不被鼓励她不会戒烟。如果受到鼓励，詹姆斯的 q_{Tj} 也是如此，以及如果不被鼓励，他的 q_{Cj} 也是如此。对于

[①] Joshua D. Angrist, Guido W. Imbens, and Donald B. Rubin, "Identification of Causal Effects Using Instrumental Variables," *Journal of the American Statistical Association* 91, no. 434 (1996): 444–455.

吉姆和詹姆斯来说，受到鼓励对戒烟的平均效应为 $ATE_q = (1/2) \times (q_{Tk} - q_{Ck} + q_{Tj} - q_{Cj})$，其中添加了下标"$q$"以强调 ATE_q 是受到鼓励对戒烟产生的影响，而 ATE 是受到鼓励对肺功能产生的平均影响。在一项大型随机试验中，有更多的人参与，我们可以估计受到鼓励对戒烟的平均效应 ATE_q。这里也没有什么新鲜事；一切都和第一章和第二章一样，只不过是关于第二个结果，即戒烟。

因此，我们假设，一项大型随机试验已经很好地估计了受到鼓励对肺功能的平均影响 ATE，也很好地估计了受到鼓励对戒烟的平均影响 ATE_q。第一章和第二章表明，一项大型随机试验可以以一种简单的方式产生这样的估计值。我们现在想估计戒烟对肺功能的影响。在这里，我们面对的是第一章和第二章中没有遇到的问题，即研究人员无法控制一个人是否听从鼓励并戒烟，因此研究人员不能随机选择个体是否戒烟。是否在某种意义上，进行随机鼓励能够帮助我们更好地得出结论？还是我们回到原点，研究一种没有随机分组的处理，就像任何观测性研究一样？随机化错误的事情比什么都不随机化要更好吗？

我们需要两个相当小的假设来保持论证尽可能简单。如果我鼓励你戒烟，你继续吸烟，但如果我说"你想做什么就做什么；我不在乎你是否戒烟"，你反而戒烟了，这就会有点反常。在符号上，如果詹姆斯的 $q_{Tj} = 0$，$q_{Cj} = 1$，那么他总是会做与我鼓励他做的相反的事。人们可能很固执，也可能很乖张——这种情况一直都在发生——但仅仅为了保持论证简单，让我们假设在这个意义上没有人是乖张的。让我们讨论一个普通个体 i，他可能是吉姆，也可能是詹姆斯，或者可能是其他人，实验中共有 i 个个体，$i = 1, 2, \cdots, I$，如第一章所述。戒烟很难，有些人无论有没有受到鼓励都不会成功；这样的个体 i 具有 $q_{Ti} = 0$ 和 $q_{Ci} = 0$，

因此 $q_{Ti}-q_{Ci}=0-0=0$，并且受到鼓励不会影响该个体的吸烟行为。其他人决定了做某事，然后就会去做——他们不需要受到鼓励就可以戒烟——他们有 $q_{Ti}=1$ 和 $q_{Ci}=1$，所以 $q_{Ti}-q_{Ci}=1-1=0$，受到鼓励也不会影响他们的吸烟行为。最后，还有些人需要受到鼓励才能戒烟，他们就是所谓的顺从者。如果受到鼓励，顺从者就会戒烟，即 $q_{Ti}=1$，但他们不会在不被鼓励的情况下戒烟，即 $q_{Ci}=0$，因此，是否受到鼓励会影响顺从者是否戒烟，即 $q_{Ti}-q_{Ci}=1-0=1$。简单地说，通过假设没有人做出乖张的行为，我们假设受到鼓励从来都不是戒烟的障碍，即 $q_{Ti}\geqslant q_{Ci}$。这是第一个小假设。

如果第一个小假设为真，那么 ATE_q 是顺从者的比例，或者顺从者的总数除以 I。也就是说，ATE_q 是所有 I 个个体的 $q_{Ti}-q_{Ci}$——顺从者为 I、其他所有人为 0——的平均值。利用第二章中的思想，我们可以很好地估计在一个大型随机实验中顺从者的比例 ATE_q；只需计算处理组中戒烟者的比例减去对照组中戒烟者的比例即可。

第二个小假设是：有些人确实听从鼓励。也许这些人的数量很少，但有些人是顺从者，只有在受到鼓励的情况下，他们才会戒烟。戒烟很难，所以也许顺从者很少，但有些个体 i 确实有 $q_{Ti}-q_{Ci}=1-0=1$。结合第一个和第二个小假设，我们得出结论：受到鼓励对戒烟的平均影响为 ATE_q，它是一个正数。当然，ATE_q 不可能是负的，因为根据第一个小假设，对于每个个体 i，有 $q_{Ti}-q_{Ci}\geqslant 0$，而非负数的平均值不可能是负数。此外，通过第二个小假设，即对于某些个体，$q_{Ti}-q_{Ci}=1$，ATE_q 不能为 0。

虽然 ATE_q 必然是正的，但如果很少有人因为受到鼓励而戒烟，那么它可能很小，接近于 0。如果每个人都做了他们因受到鼓励而做的事情——如果每个人都是顺从者——那么 $ATE_q=100\%$，通过随机化鼓励,我们实际上随机化戒烟了。在第 17 周时,布鲁尔及其同事估计 ATE_q 为 $31\% - 6\% = 25\%$,或如前所述,有 25% 的顺从者;也就是说,根据这一估计值,25% 的人是因为接受了更有效的鼓励而戒烟的。如果 ATE_q 不为 0,则数量 ATE/ATE_q 不涉及除以 0 的运算。如果我们在一项大型随机试验中对分子 ATE 和分母 ATE_q 有很好的估计,那么我们就可以估计比值 ATE/ATE_q。如果 $ATE_q = 25\% = 0.25$,那么 $ATE/ATE_q = ATE/0.25 = 4 \times ATE$,这可能是上一节中提到的戒烟对肺功能的影响。正如你所记得的,在上一节中,我们想知道只是乘以 4 是否荒谬。它的意思是说,如果四分之一的人在受到鼓励戒烟时戒烟,那么戒烟的影响是受到鼓励对戒烟的影响的四倍大。我们仍在怀疑这个结论是否荒谬。

正是在这个时候,排除性限制才变得重要;这是上一节中的第三个条件。排除性限制认为,只有当受到鼓励导致个人戒烟时,受到鼓励才能影响个人的肺功能。"不劳无获"这个耳熟能详的成语说的就是排除性限制。谈话就是谈话,戒烟是另一回事。谈话就是谈话;如果你想发生什么事,那么当谈话结束时,你必须做点什么。谈话可能会帮助你戒烟,戒烟可能会改善肺功能,但只谈话不戒烟对肺功能毫无帮助——这就是这种情况下排除性限制的意义。在符号上,$q_{Ti} - q_{Ci} = 0$ 表示 $r_{Ti} - r_{Ci} = 0$;也就是说,如果没有付出,即 $q_{Ti} - q_{Ci} = 0$,则意味着没有收获,即 $r_{Ti} - r_{Ci} = 0$。

如果排除性限制是正确的,奇迹就会发生。我们需要花点时间去理解发生了什么,也需要花点时间去理解为什么这是一个奇迹,但花这两个时间都是值得的。

根据第一章的定义,受到鼓励对肺功能的平均影响 ATE 为 I 个个体 i 的 $r_{Ti} - r_{Ci}$ 总和除以 I。如果排除性限制成立,则对于每个非顺从

者个体 i，即每个 $q_{Ti}-q_{Ci}=0$ 的个体 i，有 $r_{Ti}-r_{Ci}=0$。所以 ATE 是顺从者 $r_{Ti}-r_{Ci}$ 的总和除以 I。受到鼓励对戒烟的平均效应 ATE_q 是个体 i 的 $q_{Ti}-q_{Ci}$ 的总和除以 I，所以这是顺从者的数量除以 I。将 ATE/ATE_q 的分子和分母同时除以 I，由于可以消去，所以我们就不再写上除以 I 了。那么，ATE/ATE_q 是顺从者的 $r_{Ti}-r_{Ci}$ 的总和除以顺从者的数目，所以 ATE/ATE_q 是顺从者的 $r_{Ti}-r_{Ci}$ 的平均值。顺从者是指在受到鼓励下戒烟的人，因此对于顺从者来说，ATE/ATE_q 是戒烟对肺功能的平均影响；这就是所谓的顺从者平均因果效应。这就是我们一直想要的：尽管戒烟不是随机的，但我们仍然想要得出戒烟的效果；只要鼓励戒烟是随机的，我们想要的就可以实现。

这一切的神奇之处在于，当我们看到一个顺从者时，我们无法认出他。如果吉姆受到鼓励戒烟，而她确实戒烟了，那么她可能是一个顺从者，但她可能无论如何都会戒烟。在符号上，如果吉姆受到鼓励戒烟，而她确实戒烟了，那么我们知道 $q_{Tk}=1$，但我们不知道 q_{Ck}，所以我们不知道她是不是 $q_{Tk}=1$ 和 $q_{Ck}=0$ 的顺从者。同样，如果詹姆斯不被鼓励，也没有戒烟，那么他也可能是一个顺从者，但也许即使受到鼓励，他也不会戒烟。如果詹姆斯不被鼓励并且不戒烟，那么我们知道 $q_{Cj}=0$，但我们不知道 q_{Tj}，所以我们不知道詹姆斯是不是 $q_{Tj}=1$ 和 $q_{Cj}=0$ 的顺从者。有鉴于此，虽然我们看到顺从者时完全无法识别出他，但我们仍可以估计顺从者戒烟对肺功能的平均影响，这一点是非常了不起的。

ATE/ATE_q 是顺从者戒烟的平均效应，这一说法非常重要，我将用另外两种方式再说一遍。首先，排除性限制——不劳无获——表明所有 I 个个体的 ATE 中戒烟对肺功能的全部影响都来自那些顺从者。因此，ATE/ATE_q 将对肺功能的全部影响归因于顺从者——也就是说，归因于受到鼓励导致的戒烟者的增加，即 ATE_q。如果受到鼓励导致四分之一的人戒烟，那么所有 I 个人的全部获益都来自这四分之一的人，所以这四分之一的人的平均效应必须是所有人平均效应的四倍。上一节的稀释论点并不荒谬，但这种论点确实取决于排除性限制是否成立。

下面是第二种阐述方式。我们不知道谁是顺从者。我们通过投掷硬币来使鼓励随机化，它也不知道谁是顺从者；对于每个人，即对于顺从者和其他每个人来说，它有一半的机会会出现正面。根据定义，对于顺从者来说，随机化鼓励就是在随机化戒烟；顺从者做他们受到鼓励做的事。在一个随机鼓励的大实验中，隐藏着一个对顺从者随机化戒烟的小实验。在一个对错误的事情进行随机化的实验中，隐藏着一个对正确的事情进行随机化的较小实验。我们花了很多时间随机化鼓励那些忽视我们的人，那些人的结果不受他们所忽视的鼓励影响，但真正的工作发生在其他地方。对于顺从者来说，当我们随机化鼓励时，我们就是在随机化戒烟。

被提供住房券的效应或接受它的效应

回想一下本章早些时候提到的布莱恩·雅各布和詹斯·路德维希的自然实验，在该实验中，申请人根据他们在随机等候名单上的位置被提供住房券。通过对提供与否进行随机分组，可以直接估计被提供住房券对就业和收入的影响。然而，事实证明，许多收到住房券的申请者都拒绝了。也许一个人虽然收到了住房补贴，出去寻找有吸引力、有保障的私人住房，但后来这个人发现，即使有补贴，也买不起自己想要的房子。

如果收到了补贴但将其拒绝了，那么布莱恩·雅各布和詹斯·路德维希正在研究的抑制作用似乎不太可能实现。毕竟，当收入增加意味着你的住房补贴减少时，抑制作用才会发生，但如果你拒绝补贴，就没有补贴可以减少。这种情况类似于随机鼓励。补贴的发放是随机的，但实际领取补贴需要在补贴发放时接受，这并不是随机的。很可能，拒绝补贴的人和接受补贴的人是不同的。

因此，雅各布和路德维希估计了顺从者的平均因果效应——也就是说，住房补贴对那些接受补贴的人的影响，只有当他们被随机安排在等候名单上时，他们才会接受补贴。接受补贴所造成的收入和就业的估计值下降幅度仍然是很小的，但并不算小到微不足道，而且比提供补贴所产生的效果大两到三倍。他们的论文最后对如何设计援助计划以避免意料之外的抑制作用进行了深入的讨论。

选择处理分配中偏差较小的情形

自然实验是通过寻找一些自然情境，其中的处理几乎都是随机化的，以避免处理分配中的偏差。

彩票和断点就是两个例子。有时候，我们关心的处理并不是随机化的，但某种形式的对接受该处理的鼓励是随机化的。在某些条件下，随机鼓励允许对那些只有在鼓励下才接受处理的人的处理效应进行估计。

自然实验是通过寻找一些自然情境，其中的处理几乎都是随机化的，以避免处理分配中的偏差。

第八章

复制、解决和证据因素

不可能有即时的——更不用说机械的——理性。

——拉卡托斯[*]，《科学史及其理性重建》

---

[*] 伊姆雷·拉卡托斯（Imre Lakatos，1922—1974），英籍匈牙利科学哲学家，著有《科学研究纲领方法论》等。——译者注

复制不是重复

出于伦理或现实原因，随机化在特定情况下是不可行的，由处理引起的效应要在观测性研究中进行检查。如第四章所讨论的那样，所显示的结果与所接受的处理有关，并且在调整了可测协变量后，这种关联仍然存在。如第五章所述，敏感性分析表明，一个较小的未测量协变量无法启动对这种关联的解释，然而什么能保证一个未测量的协变量是小的呢？我们努力寻找这些未测量偏差较小的环境，从而产生第七章中所述的自然实验，然而，又是什么能保证这种努力是成功的呢？最合理的反诉是可预期的反诉，准实验装置使这些最合理的怀疑理由无效，如第六章所述，但意想不到的反诉会被继续提出。问题是如何解决的？没完没了的辩论是如何结束的？

用新的数据重复同样的研究是否有帮助？如果不确定性的主要来源是小样本量，这可能会有所帮助。然而，如果最初的研究规模足够大，而且最初的研究人员既能干又诚实，那么再次进行同样的研究仍然会招致同样的质疑。只有当小数据成为问题时，大数据才是解决方案。

不解决问题的重复

考虑一个通过复制解决问题的失败尝试的例子。这个例子研究的是，对成瘾的临床治疗是否减少了海洛因和可卡因等非法麻醉品的使用？1969—2000年间，基于三次大型数据收集的评估声称，治疗确实能减少成瘾。每项评估都声称通过重复以前的评估，进一步加强了有效性的证据。每个数据集——药物滥用报告计划（DARP）、治疗结果前瞻性研究（TOPS）和药物滥用治疗结果研究（DATOS）——都收集

了超过一万名接受治疗的人的数据。调查人员的能力和诚实是没有争议的。然而，在对这些研究的评估中，美国国家科学院指出，

> 兰德公司的研究比较了……TOPS 样本中完成治疗方案的成员的药物使用情况，与那些开始治疗但在 3 个月内退出的 TOPS 受试者的药物使用情况。……然而，假设放弃治疗的人比完成治疗的人更容易吸毒。如果放弃者比那些完成治疗的人更严重成瘾或更缺乏动力或有更少的社会支持，放弃者和完成者在药物使用上所观察到的差异可能反映了这两组人的特征的差异，而不是治疗方案的影响。……无论是否接受治疗，完成治疗方案的人都更有可能减少吸毒。①

继续接受治疗的人和退出治疗的人之间的比较并非无关紧要；然而，从科学院给出的理由来看，它本身并不令人信服。在三项研究中看到同样的模式并不比看到一次更有说服力。

为了使一系列研究比一项研究更有说服力，后期研究必须消除、减少或至少改变导致早期研究不确定性的一些偏差。后期研究应免受早期研究容易受到的反诉的影响，即使后期研究仍然容易受到其他反诉的影响。坚持（persistence）可能是最被低估的人类美德，但在科学中，坚持比重复自己具有更多的内涵。

单一目标的不同视角

我们对上一节中关于成瘾的研究与那些终止了关于吸烟是导致癌症的原因的争论的研究进行对比。

---

① Charles F. Manski, John V. Pepper, Yonette F. Thomas, and the US National Research Council, *Assessment of Two Cost-Effectiveness Studies on Cocaine Control Policy* (Washington, DC: National Academies Press, 1999), 17–18.

- 早期研究表明,常年吸烟者比从不吸烟的人患癌症的概率要高得多。①
- 实验室研究表明,烟草烟雾中的物质会导致实验小鼠患上癌症。②
- 当常年吸烟者死于癌症以外的原因时,尸检显示他们的肺部有癌前病变,这在尸检的不吸烟者中是罕见的。③
- 在激进的广告暗示独立、解放、苗条、迷人的女性当然会吸烟之后,女性的吸烟量增加了。"亲爱的,你已经走过了很长的路。"弗吉尼亚 Slims 香烟的广告说道。经过适当的等待——几十年——女性的癌症发病率急剧上升,而男性的发病率没有上升。④

这些研究也不能免受反诉的影响。诚然,常年吸烟者选择吸烟,可能与不吸烟者有所不同。没错,老鼠不是人。的确,死者的癌前病变永远不会变成癌症。是的,女性吸烟量增加了,但她们也从事了以前由男性主导的工作,其中一些工作对肺部有职业风险。

尽管如此,对吸烟和癌症的这些研究与 DARP、TOPS 和 DATOS 不同。一种解释可以解释 DARP、TOPS 和 DATOS 不是成瘾临床治疗的效果。也许这一种解释是不正确的,但一种解释可以解释一切。对于吸烟和癌症,许多互不相关的解释必须同时成立,才能把吸烟会导致癌症解释成一种错误的印象。

---

① Richard Doll and A. Bradford Hill, "The Mortality of Doctors in Relation to Their Smoking Habits," *British Medical Journal* 1, no. 4877 (1954): 1451–1455; Cuyler E. Hammond and Daniel Horn, "Smoking and Death Rates: Report on Forty-Four Months of Follow-up of 187 783 Men, 2: Death Rates by Cause," *Journal of the American Medical Association* 166, no. 11 (1958): 1294–1308.

② E. Boyland, F. J. C. Roe, and J. W. Gorrod, "Induction of Pulmonary Tumours in Mice by Nitrosonornicotine, a Possible Constituent of Tobacco Smoke," *Nature* 202, no. 4937 (1964): 1126.

③ Oscar E. Auerbach, Cuyler Hammond, and Lawrence Garfinkel, "Changes in Bronchial Epithelium in Relation to Cigarette Smoking, 1955–1960 vs. 1970–1977," *New England Journal of Medicine* 300, no. 8 (1979): 381–386.

④ John C. Bailar and Heather L. Gornik, "Cancer Undefeated," *New England Journal of Medicine* 336, no. 22 (1997): 1569–1574.

第八章 复制、解决和证据因素

复制不是重复。观测性研究的成功复制，消除或改变了一些潜在的偏差，这些偏差为怀疑早期研究结论给出了合理的基础。

154

复制不是重复。观测性研究的成功复制，消除或改变了一些潜在的偏差，这些偏差为怀疑早期研究结论给出了合理的基础。

证据因素

复制涉及的是一种新的比较，它可以抵抗对以前的比较提出的一些合理的怀疑。如果复制不是为了获得更多的数据，而是为了进行新的独立比较，那么我们要问，观测性研究能自我复制吗？一项研究能否进行多次比较，使对一次比较的怀疑不适用于另一次比较？这个主题有一些技术性的方面，我将把它放在参考文献中供大家去查阅，这里我只给出一个我最喜欢的例子。①

孩子们会被从不去的工作场所的毒素感染吗？在工作中接触铅的父母是否会使得他们的孩子也接触铅？父母是否会在衣服和头发上带铅回家，从而暴露在孩子面前？戴维·默顿（David Morton）和他的同事就美国俄克拉何马州一家工厂的员工的孩子提出了这个问题，该工厂的铅被用于制造电池。② 这家工厂的员工都是男性。默顿及其同事测量了这些员工的孩子血液中的铅含量，并将每个儿童与年龄相近的相邻对照组儿童进行了比较。

图 8-1 中进行了三个比较。左边的"工人与对照组"图比较了对照组儿童和电池工厂中接触铅的父亲的孩子的铅水平。父亲在电池厂工作的儿童血液中的铅含量高于对照组儿童。这是比较 1。

---

① Paul R. Rosenbaum, *Replication and Evidence Factors in Observational Studies* (New York: Chapman and Hall/CRC, 2021).

② David E. Morton, Alfred J. Saah, Stanley L. Silberg, Willis L. Owens, Mark A. Roberts, and Marylou D. Saah, "Lead Absorption in Children of Employees in a Lead-Related Industry," *American Journal of Epidemiology* 115, no. 4 (1982): 549–555.

第八章 复制、解决和证据因素

在电池厂工作的父亲从事不同的工作，有些人比其他人更容易接触铅。通过父亲接触铅的程度能预测出孩子血液中的铅吗？默顿及其同事根据父亲在工作中接触铅的水平，将接触铅的父亲的孩子分为三组：高接触组（H）、中接触组（M）和低接触组（L）。图8-1的中间那个图通过对父亲在工作中接触铅的分类显示了儿童血液中的铅含量。接触铅含量较高的父亲的孩子血液中铅含量较高。

根据父亲在工作日结束离开工厂时的卫生状况进一步划分高接触组。如果父亲在下班前洗个澡换好衣服，或者至少换了衣服，卫生状况就可以了，如果他不做这些事情，卫生状况就会很差。图8-1的右图显示了按卫生状况分类，那些高接触父亲的孩子血液中的铅含量。父亲卫生状况差与孩子血液中铅含量较高有关。

对图8-1中的模式最简单的解释是：由于父亲的原因，电池工厂的铅影响了从未踏入工厂的孩子。图中三个子图的三个比较中的每一个都容易出错，就像观测性研究总是容易出错一样。然而，如果这组图的意思与它看起来的意思并不一样——如果我们看到的不是父亲在工作中接触铅对孩子的影响的话——那么就需要三个单独的错误来解释图8-1中的三个比较。三个单独的错误同时存在在逻辑上是有可能的，但这三个子图加在一起构成了比任何一个子图本身都更有力的证据。

前面提到的证据因素的技术方面涉及三个子图之间的关系。这三个子图的特殊结构——对先前完整的组进行重复细分——导致这三个子图几乎是不相关的，就像它们来自对不同儿童的三项不相关的研究一样，尽管它们实际上来自对一群儿童的重复分析。这几乎就像一项研究变成了三项研究，每项研究都容易受到不同的偏差的影响。

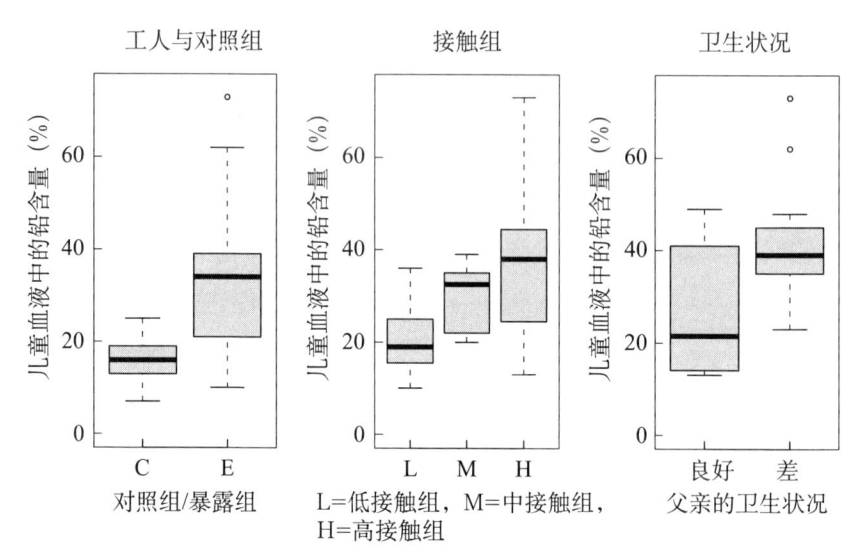

图 8-1 左图显示了对照组儿童（C）和父亲在工作中接触铅的儿童（E）血液中的铅含量。中间图根据父亲在工作中接触铅的水平来区分 E 组的儿童：低接触组（L）、中接触组（M）或高接触组（H）。右图根据父亲下班时的卫生状况将 H 组的儿童分为良好或差。

第九章
因果推断中的不确定性和复杂性

然而，这些故事中的每一个都有一个优点：作为叙事，而不是作为日常或历史现实，它们似乎是可信的，后者要复杂得多，也不那么可信。这些故事似乎解释了一些原本难以理解的事情。

——翁贝托·埃科[*]，《意外的发现》

---

[*] 翁贝托·埃科（Umberto Eco，1932—2016），1932年1月5日出生于意大利西北部皮埃蒙蒂州的亚历山大，是一位享誉世界的哲学家、符号学家、历史学家、文学批评家和小说家。——译者注

每天少量饮酒有益吗？

159　　当需要一个明确的行动方案时，不确定性和复杂性总是令人不安。如果选择了错误的操作怎么办？当面对残酷疾病之后的缓慢死亡的可能性时，没有人欢迎不确定性或令人困惑的事物。当情势实际所需只是实验室里的一段安静时间时，像这样的实际考虑很可能会分散注意力。

160　　当清晰的证据和简单的逻辑指向一个我们宁愿忽略的明确行动方案时，我们同样对确定性和简单性感到不安。清晰的证据和简单的逻辑导致了一个不受欢迎的结论，这可能会让人感到沮丧。

　　我们的情绪会影响我们的证据。

　　为了保持杜威所说的实验性思维习惯，需要抵制某些自然的思维习惯。

　　探究的道路经常被对不确定性和复杂性的不容忍所阻碍。必须承认不确定性和复杂性，然后才能加以解决。

　　在这本书的结尾，我简要讨论一个目前有争议的话题的因果推断，即每天小剂量饮酒对健康有益还是有害。我选择这个话题时有些忐忑不安。这个话题很有争议，这很合理，因为它很复杂，大量的证据让人产生了很多疑问。此外，这个话题可能不会一直存在争议；它可能会被解决，也许会更早，也许会更晚。尽管如此，因果推断还是组装了一个拼图，用一个没有完全组装好的拼图来结束本书是合适的。

肿瘤学家与心脏病专家

　　2018年，肿瘤学家向心脏病专家发起挑战。这个挑战是由一篇文章发起的,那就是诺埃尔·洛康蒂(Noelle LoConte)及其同事在领先的临床癌症杂志《临床肿瘤学杂志》(*Journal of Clinical Oncology*)上发表的专题论文,题为《酒精与癌症:美国临床肿瘤学家协会的声明》(Alcohol and Cancer: A Statement of the American Society of Clinical Oncology)。在2022年,人们普遍认为高剂量饮酒会导致大量癌症、车祸、肝病和暴力所带来的死亡。每天喝一瓶伏特加,甚至一天喝一瓶葡萄酒,你的健康很可能会受到影响。

孕妇即使适度饮酒也会对发育中的胎儿造成风险,这种风险在怀孕前就已经存在。美国疾病控制中心写道:"在怀孕期间或备孕期间,没有什么是已知的安全饮酒量。在怀孕期间也没有安全饮酒时间。"①

2022年最热门的问题之一是:每天少量饮酒——那被大肆吹捧的晚餐时一杯葡萄酒——是有害还是有益?一杯葡萄酒能延长还是缩短生命?可能的好处是降低心血管疾病的死亡风险。洛康蒂及其同事于2018年发表在《临床肿瘤学杂志》上的文章写道,

> 关于酒精(尤其是葡萄酒)对心脏健康影响的相互矛盾的数据,是回答酒精和患癌风险问题的另一个障碍。……较大型的研究和元分析未能显示出与不饮酒或间歇饮酒相比,少量饮酒对全因死亡(all-cause mortality)有好处,这表明每天饮酒并没有真正的好处。……饮酒对心血管健康的好处可能被夸大了。……即使少量饮酒,患癌症的风险也会增加,所以酒精的净效应是有害的。因此,不应该推荐饮酒来预防心血管疾病或全因死亡。②

---

① "Alcohol Use in Pregnancy," Centers for Disease Control and Prevention, December 14, 2021, https://www.cdc.gov/ncbddd/fasd/alcohol-use.html.

② Noelle K. LoConte, Abenaa M. Brewster, Judith S. Kaur, Janette K. Merrill, and Anthony J. Alberg, "Alcohol and Cancer: A Statement of the American Society of Clinical Oncology," *Journal of Clinical Oncology* 36, no. 1 (2018): 88.

161 　　探究的道路经常被对不确定性和复杂性的不容忍所阻碍。 必须承认不确定性和复杂性，然后才能加以解决。

第九章　因果推断中的不确定性和复杂性

这种观点很容易理解。致癌物通常是通过研究高暴露人群、常年吸烟者、接触氡气的铀矿工人和接触苯的化学工人来确定的。在证明一种物质在高剂量下是人类癌症的主要原因后，我们采取了谨慎的措施来尽量减少接触。没有人会仅仅是因为很难拿出压倒性的证据来证明一支烟有害，而提倡每天抽一支烟。

心脏病专家在讨论酒精时一直很谨慎。他们总是观察到，有些人面临着戒酒或过度饮酒的选择，在这种选择下，戒酒显然更好。西尔万·特森（Sylvain Tesson）很好地表达了这一想法："喝到第五杯伏特加时，再忍住不喝下一杯就很难了。"[1]

每日少量饮酒是否对心血管有益？支持有益的证据远非无关紧要。适度饮酒与心血管疾病死亡风险降低有关，同时也与高密度脂蛋白胆固醇升高有关，高密度脂蛋白胆固醇被认为对治疗心血管疾病有益。[2] 这两个关联都是由独立的研究人员在很长一段时间内反复给出的，两个关联很好地结合在了一起。与俄罗斯人不同，法国人执著地拒绝早逝。[3]*

尽管如此，心脏病专家仍在犹豫是否该建议适度饮酒。艾拉·戈德伯格（Ira Goldberg）及其同事在美国心脏协会举办的会议上发言时

---

[1] Sylvain Tesson, *The Consolations of the Forest* (New York: Rizzoli, 2013), 140.

[2] I. L. Suh, B. Jessica Shaten, Jeffrey A. Cutler, and Lewis H. Kuller, "Alcohol Use and Mortality from Coronary Heart Disease: The Role of High-Density Lipoprotein Cholesterol," *Annals of Internal Medicine* 116, no. 11 (1992): 881–887; Simona Costanzo, Augusto Di Castelnuovo, Maria Benedetta Donati, Licia Iacoviello, and Giovanni de Gaetano, "Alcohol Consumption and Mortality in Patients with Cardiovascular Disease: A Meta-analysis," *Journal of the American College of Cardiology* 55, no. 13 (2010): 1339–1347.

[3] A. S. St. Leger, A. L. Cochrane, and F. Moore, "Factors Associated with Cardiac Mortality in Developed Countries with Particular Reference to the Consumption of Wine," *Lancet* 313, no. 8124 (1979): 1017–1020; S. de Renaud and Michel de Lorgeril, "Wine, Alcohol, Platelets, and the French Paradox for Coronary Heart Disease," *Lancet* 339, no. 8808 (1992): 1523–1526.

* 此句暗指所谓的"法国人悖论"，即尽管法国人的饮食中饱和脂肪含量较高，但他们患冠心病的风险和死亡率相对较低。一种假说是，法国人较高的葡萄酒消费量可能与此有关。——译者注

表示，

> 适量摄入酒精饮料（每天1~2杯）与人群[患冠心病]的风险降低相关。……尽管在这方面有生物学上的合理性和观测数据，但应该记住，这些数据不足以证明因果关系。心血管文献中有许多研究的例子记录了一致的总体和机制数据，但在临床试验中并未得到证实，例如β-胡萝卜素、维生素E和激素替代疗法。我们无法充分调整那些在观测性设计中无法测量的与人类行为相关的因素。虽然适度饮用葡萄酒和其他含酒精饮料似乎不会导致严重的发病率，但与其他饮食调整不同，酒精摄入带有许多健康隐患。没有大规模的、随机的、关于葡萄酒摄入的临床终点试验，目前很少有理由推荐酒精（或特指葡萄酒）作为一种心脏保护策略。①

来自新策略的反对声音：孟德尔随机化

并不是所有的研究都发现酒精能降低心血管疾病的风险。迈克尔·霍姆斯（Michael Holmes）及其同事最近的一项研究使用了一种新的策略，表明酒精会增加心血管疾病的风险。这一较新的策略被称为孟德尔随机化。②

---

① Ira J. Goldberg, Lori Mosca, Mariann R. Piano, and Edward A. Fisher, "Wine and Your Heart: A Science Advisory for Healthcare Professionals from the Nutrition Committee, Council on Epidemiology and Prevention, and Council on Cardiovascular Nursing of the American Heart Association," *Circulation* 103, no. 3 (2001): 474.

② George Davey Smith, and Shah Ebrahim, "Mendelian Randomization: Can Genetic Epidemiology Contribute to Understanding Environmental Determinants of Disease?," *International Journal of Epidemiology* 32, no. 1 (2003): 1-22. Tyler J. VanderWeele, Eric J. Tchetgen Tchetgen, Marilyn Cornelis, and Peter Kraft, "Methodological Challenges in Mendelian Randomization," *Epidemiology* 25, no. 3 (2014): 427-435.

第九章　因果推断中的不确定性和复杂性

假设某种基因的变异能使你少喝酒，人们随机得到这种变异，这种基因只通过减少饮酒量间接影响心血管疾病。诚然，这是相当大的假设，而这些假设可能不是真的。尽管如此，如果这些假设是真的——这是一个很大的"如果"——那么这种基因将是一个控制酒精消费的工具变量，就如第七章所讲的那样。孟德尔随机化之所以有趣，并不是因为它绝对可靠——除了随机试验之外，没有什么能接近绝对可靠的因果推断——而是因为它的缺陷不同于在调整协变量后比较处理组和对照组时出现的缺陷。当我们从不同的、可能有误的角度看它，并不断看到同样的东西时，我们就会相信，这个对象是真实的，而不是幻觉。

霍姆斯及其同事指出，

> ADH1B rs1229984 的 A-等位基因携带者每周消费的酒精量要少 17.2%……酗酒的流行率较低……且戒酒率高于非携带者……具有与不饮酒和较少饮酒相关的基因变异的个体比没有这种基因变异的个体，有更有利的心血管状况和更低的冠心病风险。这表明，减少饮酒量，即使是对轻度或中度饮酒者来说，也有利于心血管健康。[①]

使用孟德尔随机化的研究，面临着与比较暴露组和未暴露组不同的问题。正如第八章所讨论的，我们希望看到面对不同问题的研究在因果效应上是一致的，我们在吸烟和肺癌的研究中发现了这一点。相反，对于轻度或中度饮酒，若是改变研究设计、改变方法，也就改变了答案，结论就从有益变为有害。

---

① Michael V. Holmes, Caroline E. Dale, Luisa Zuccolo, Richard J. Silverwood, Yiran Guo, Zheng Ye, David Prieto-Merino, et al., "Association between Alcohol and Cardiovascular Disease: Mendelian Randomisation Analysis Based on Individual Participant Data," *British Medical Journal* 349 (2014): g4164.

答案可能很复杂

事实上，如果在患癌症的风险和患心脏病的风险之间存在一种权衡——这是一个很大的"如果"——那么这种权衡可能会很复杂。由于基因不同，人们代谢酒精的方式也不同。由于基因不同，人们面临不同的癌症风险。也由于基因不同，人们患心脏病的风险也不同。人类大概有25 000个基因，其中许多基因有相应的变异。

如果要权衡患癌症和心脏病的风险，那么对于基因不同的人来说，关于是否要喝一杯红酒的最佳建议可能会有所不同。在我写作本书的2022年，人们对基因如何影响酒精代谢、癌症和心脏病有了一些了解，但它既不足够精确，也不完整，无法作为推荐喝上一杯红酒的精准理论基础。

部分原因是，酒精似乎会导致乳腺癌，美国疾病控制中心不提倡饮酒，而是建议"男性每天将摄入量限制在2杯以内，女性每天将摄入量限制在1杯以内。"① 至少可以想见，除了性别之外，人与人之间的其他区别也是相关的。

---

① "Dietary Guidelines for Alcohol," Centers for Disease Control and Prevention, April 19, 2022, https://www.cdc.gov/alcohol/fact-sheets/moderate-drinking.htm. 也可以参见 Chiara Scoccianti, Béatrice Lauby-Secretan, Pierre-Yves Bello, Véronique Chajes, and Isabelle Romieu, "Female Breast Cancer and Alcohol Consumption: A Review of the Literature," *American Journal of Preventive Medicine* 46, no. 3 (2014): S16-S25; Yin Cao, Walter C. Willett, Eric B. Rimm, Meir J. Stampfer, and Edward L. Giovannucci, "Light to Moderate Intake of Alcohol, Drinking Patterns, and Risk of Cancer: Results from Two Prospective US Cohort Studies," *British Medical Journal* 351 (2015): h4238.

传统毒素

酒精饮料比文字记载的历史还要古老。荷马的《伊利亚特》讲述了中东醉醺醺的男人为争夺一位美女而打架的故事。在仪式和庆典中都有酒。朋友、家人和恋人会在一起喝酒。我们喝酒表示祝贺、表示同情，或者借酒消愁。如果你不喝酒，有些朋友你就交不到，有些地方你就去不了。世界上的各种宗教要么在它们的仪式中必定会使用酒精，要么将其视为致命的罪恶。酒精影响大脑，改变情绪、判断力、能力、自我控制力和行为。自我控制力或能力的短暂丧失，可能而且经常会造成永久性的严重后果。

我是在说我们的情绪让我们很难评估酒精影响的证据吗？不是的。酒精只是一个例子。我是在说，我们的情绪使我们难以评估所有证据。

对现有证据的一个完全理性的回应是，去寻找在不增加癌症风险的情况下降低心血管疾病风险的方法。选项是锻炼，减肥，改变饮食，多运动。尽管这可能是合理的，但另一项研究表明，跑步机不足以成为一杯葡萄酒的替代品。

总死亡率

为什么会有关于每日酒精低摄入量的冲突和争论呢？在某种程度上，争论的焦点是总死亡率，而不是某种特定疾病的死亡率。许多报告酒精低摄入量的好处的研究集中在冠心病死亡率的某些方面。如果冠心病的死亡率下降了——这是一个很大的"如果"——它是否足以抵消癌症、事故和其他疾病死亡率的上升呢？每天喝一杯酒还是不喝酒，人们会活得更久呢？总死亡率会降低吗？这是一个问题。

对总死亡率的研究比对特定疾病死亡率的研究更接近现实。人们经常讲述这样的基于模型的故事，即在保持其他疾病不变的同时减少一种疾病的风险。这些故事有一些无法识别的方面，它们不受数据和证据的影响，就比如关于天使是不是素食者的争论。关于反驳豁免的重要事实是由阿纳斯塔西奥斯·齐阿提斯（Anastasios Tsiatis）首先证明的。[1]

被认为有益于心脏的部分或全部好处只是一个错误？

还有人担心，酒精对心血管疾病表面上的好处可能是由谁喝得少、谁喝得多、谁不喝的偏差造成的。《临床肿瘤学杂志》2018年的一篇文章提出了这种可能性，并在其他地方得到了广泛讨论。

这场争论是关于所谓的 J 形曲线的，该曲线在图 9-1 中以抽象化的形式描绘了出来。[2] 图 9-1 的左图（a）显示，随着每日饮酒量的增加，死亡率稳步上升。右图（b）描绘了 J 形曲线，其中少量饮酒导致的死亡率最低。争论的焦点是：哪一个子图是真实的描述？重要的是，"酒精没有益处"和"J 形曲线"两个子图并没有那么大的不同：在两个子图中，高酒精消费量的死亡率都很高，低酒精消费量的死亡率都很低，而且两组中戒酒和轻度饮酒的差异比较起来看是很小的。正如我们在第五章中看到的，小的处理效应通常对小的偏差很敏感。两个子图都

---

[1] Anastasios Tsiatis, "A Nonidentifiability Aspect of the Problem of Competing Risks," *Proceedings of the National Academy of Sciences* 72, no. 1 (1975): 20-22.

[2] Michael Marmot and Eric Brunner, "Alcohol and Cardiovascular Disease: The Status of the U Shaped Curve," *British Medical Journal* 303, no. 6802 (1991): 565-568; Timothy Stockwell and Jinhui Zhao, "Alcohol's Contribution to Cancer Is Underestimated for Exactly the Same Reason That Its Contribution to Cardioprotection Is Overestimated," *Addiction* 112, no. 2 (2017): 230-232.

显示了酒精高摄入量的巨大危害。通过一系列实施良好的观测性研究，通常可以将这样的影响与没有影响区分开来；这样的效应可能对小的和中等的偏差不敏感。相比之下，区分子图的是低摄入量上的两个不同的小效应。图 9-1 中某一子图优于另一子图的证据可能对未测量的小偏差很敏感。

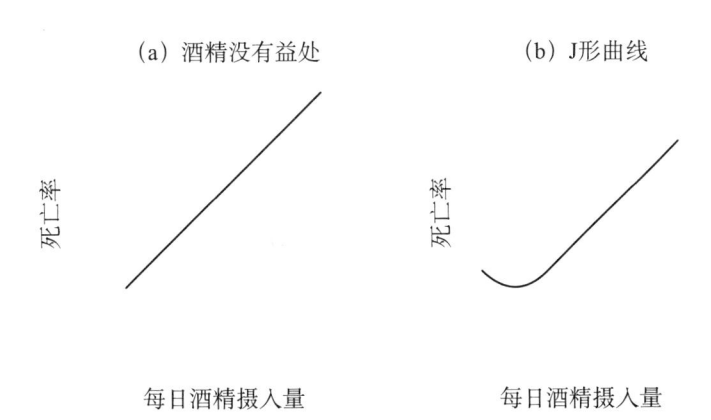

(a) 酒精没有益处　　　　　(b) J形曲线

纵轴：死亡率　横轴：每日酒精摄入量

图 9-1　死亡率随酒精摄入量增加而上升的特征化比较 (a)，以及所谓的 J 形曲线 (b)，即酒精摄入量低时死亡率最低。

可能存在哪些偏差？为什么有些人戒酒，而有些人每天只喝少量的酒呢？有些人，也许是大多数人，戒酒或出于个人喜好而不喝酒。还有一些人因为宗教原因而戒酒。有些人不喝酒是因为他们正在从酗酒中逐渐康复，即使喝一点点也会危及他们的康复。有些人因为其他疾病而戒酒，这些疾病使饮酒变得不明智。有些人不喝酒是因为他们服用了禁酒药物。图 9-1 右图左侧向上的小弯曲可能反映了戒酒人群的情况，他们大体是健康的，但也有一些个体患有严重疾病。即使是一小群重病患者也会严重扭曲死亡率。

我们想研究那些戒酒的人，而且他们戒酒的原因与他们的健康无关。霍姆斯及其同事使用孟德尔随机化进行的研究就是这样一种努力。

有人已经开展了针对基督复临安息日会教徒的研究；他们不喝酒，但作为对照组却并不完美，因为他们也不吸烟，大约一半是素食主义者。尽管如此，如果你了解了他们是何等健康，你可能会感到悲伤。①

关于偏差可能性的调查，我最喜欢的是1982年的一项小型研究。研究人员开始时是在研究酒精的影响，却表明出了偏差。博·彼得森（Bo Petersson）、埃里克·特雷尔（Erik Trell）和汉斯·克里斯滕森（Hans Kristenson）使用了十个结构化问题来询问瑞典男性的饮酒情况。有一个问题是关于戒酒的。九个问题被问及饮酒的情况，或许是成问题的酒类消费。饮酒但不过度的组死亡率最低。在那些饮酒最多的人中，死亡风险最高吗？不，死亡风险最高的是戒酒者。为什么戒酒者面临如此高的风险？彼得森及其同事写道："然而，这些男性中的大多数都患有慢性病，甚至有酗酒史。不饮酒者死亡率的提高可能会给人一种每天饮酒与不饮酒相比具有预防效果的假象。"②

我们不应该忽视这样一种可能性，即有些人因为生病而戒酒，而不是因为戒酒而生病。如果我们没有探究人们戒酒的原因，也就是说，如果我们没有比较出于不同原因戒酒的人的结果，我们就存在疏忽（见第六章）。如果戒酒似乎降低了因宗教原因戒酒的人的死亡率，但会似乎提高了因酗酒者康复而戒酒的人的死亡率，那么这就是反对戒酒会造成伤害的证据。如果这两种类型的戒酒者的死亡率都高于每天喝一杯葡萄酒的人，那么，如果不能在合理预期的情况下找到偏差的证据，这就会为每天喝一杯葡萄酒有益的说法提供一些支持。总的来说，哲学家欧内斯

---

① Roland L. Phillips, "Role of Life-style and Dietary Habits in Risk of Cancer among Seventh-Day Adventists," *Cancer Research* 35, no. 11, part 2 (1975): 3513 - 3522.

② Bo Petersson, Erik Trell, and Hans Kristenson, "Alcohol Abstention and Premature Mortality in Middle-Aged Men," *British Medical Journal* 285, no. 6353 (1982): 1457 - 1459.

特·索萨*观察到,"如果知识是一个追求真理的恰当智力表现的问题,那么疏忽可能会剥夺我们的知识……当我们本应对验证证据持开放态度,但却闭门造车时,我们是存在疏忽的。当这种情况发生时,我们的成功是运气好。当运气好的时候,那就不是有一点点的幸运了。"①

尽管彼得森、特雷尔和克里斯滕森的这篇文章发表在近40年前的一本主要医学杂志上,但它并没有被大量引用。它说低摄入量的酒精看起来是有益的,但这种看似有益似乎是在骗人。这意味着经验科学是困难的,错误——有时是严重的错误——是常见的。它警告说,一项关于小处理效应的观测性研究——图9-1中两个子图之间的区别——很容易因为疏忽、过度自信,甚至不可避免的错误而给出具有误导性的答案。谁会引用一篇说了这么多真实但令人不快的事情的文章呢?

那么每天少量饮酒有益吗?

> 每天喝一杯葡萄酒会延长还是缩短寿命?答案是什么?
>
> 时间会证明一切。
>
> 也许不会。

---

* 欧内斯特·索萨(Ernest Sosa, 1940—),美国哲学家,主要研究兴趣集中在认识论领域。——译者注

① Ernest Sosa, *Epistemology* (Princeton, NJ: Princeton University Press, 2017), 169.

附 录
每一章的核心思想

第一章：处理引起的效应。处理引起的效应是对同一个人的两种潜在结果的比较：在处理下观测到的结果和在对照下观测到的结果之比较。因果推断是困难的，因为一个人要么进入处理组，要么进入对照组，而不是两者兼之，所以从来没有人能观测到一个人的这两种潜在结果。

第二章：随机实验。第一章中的问题对于一个人来说是无法解决的。一项随机实验将有限总体分为处理组和对照组，方法是反复投掷一枚公平的硬币将人们分组。在符合伦理和现实可行的情况下，随机实验解决了对有限总体施加处理所带来的典型效应的推断问题。

第三章：观测性研究问题。随机分配处理或对照并不总是合乎道德，也不总是可行。在没有随机分配的情况下，也就是说，在一项观测性研究中，处理组和对照组在处理前可能会在我们能看到和看不到的两个方面有所不同。在一项观测性研究中，我们通过比较不可比较的处理组和对照组，有可能得出关于因果关系的错误结论。

第四章：对可测协变量的调整。当我们可以看到处理组和对照组在处理前存在差异时——当它们在可测协变量（如年龄）方面存在差异时——这个问题通常可以通过协变量调整来纠正。最简单的调整形式是匹配抽样：从更大的对照总体中选择一个对照组，使其在可测协变量方面与处理组相似，比如年龄相似的组。在匹配许多协变量时，一个有用的工具是倾向得分，即给定可测协变量的处理概率。

第五章：对未测量协变量的敏感性。我们永远无法确定处理组和对照组的差异仅在于我们所能看到的方面。这些组在未测量的协变量方面可能会有所不同。我们看不到的微小差异会改变结论吗？这个答案是通过敏感性分析得出的。

第六章：观测性研究设计中的准实验装置。敏感性分析针对的是我们看不到的小的处理前差异，但当然差异可能很大，而不是很小。也许我们看不到的巨大差异会留下我们可以看到的可见痕迹。一只看不见的老鼠可能会在不被注意的情况下溜过去，但一头看不到的大象会留下一条充满遗落物的路径。准实验装置，如多个对照组，是发现处理组和对照组之间存在巨大未测量的处理前差异的工具。

第七章：自然实验、断点和工具变量。随机分配处理有时是不道德或不可行的，但随机性遍布于每一个生命，从而改变它的进程。自然实验、断点和工具变量是为了在观测性研究中建设性地使用自然随机性而发展起来的因果推断工具。

第八章：复制、解决和证据因素。复制是科学的核心，但使用相同的程序来重复相同的错误是很容易的。一系列观测性研究可能会得出比该系列中任何一项研究都更明确的结论，前提是连续性的研究容易出现不同的错误，而不是重复相同的错误。证据因素在单一研究中通过细致变化的比较寻求这种复制。

第九章：因果推断中的不确定性和复杂性。在随机实验之外，因果推断是很具挑战性的。研究的道路经常被对不确定性和复杂性的不容忍所阻碍。必须承认不确定性和复杂性，然后才能加以解决。

术语表

平均处理效应（ATE）

在一个总体中，平均处理效应是该总体中个体的因果效应的平均值。它有时被称为平均因果效应（ACE）。随机实验提供了对 ATE 的良好估计值。参见因果效应和第一章。

箱形图

从本质上讲，箱形图使用三个数字来描述许多数字：中位数，它将数据一分为二；上四分位数，将中位数以上的数据一分为二；以及下四分位数，它将中位数以下的数据一分为二。这三个数字定义了箱形图中的箱形。箱形图还显示了极端的个体所呈现出来的点。所谓的须是指从箱形上下延伸到最大和最小的非极端个体的线。见第三章。

因果效应

对个体的两种潜在结果的比较，即个体在接受处理时会表现出来的结果和个体在接受对照时会表现出来的结果之比较。参见第一章。

顺从者平均因果效应

顺从者是指在一项工具变量的推动下接受处理的个人。顺从者平均因果效应是顺从者子总体中的 ATE。见工具变量和第七章。

协变量

协变量描述了处理前的个体，因此它不受个体随后接受的处理的影响。一个个体有两个潜在的结果，一个在处理组中，另一个在对照组中，但协变量只有一个值。见第二章。

工具（或工具变量）

工具变量是接受处理而不是对照的一项随机推动，只有在成功改变所接受的处理时，推动才会影响结果。见顺从者平均因果效应和第七章。

自然实验

自然实验是一种观测性研究，它可以利用一些自然发生但真正随机的处理分配形式。通过抽签分配处理就是一个典型的例子。见第七章。

观测性研究

对一项处理引起的效应的研究，其中个体不是随机分配到处理或对照组的。可与随机实验作对比。见第三章。

倾向得分

在一项观测性研究中，倾向得分是对具有特定可测协变量值的个体进行处理的概率。见第三章和第四章。

准实验装置

在观测性研究中，准实验装置是添加到研究设计中的数据元素，用于阐明处理分配中潜在的偏差来源。这些装置往往简单但富有启发性，可能会摧毁怀疑研究结论的某些理由。典型的例子是多个对照组、未受影响的结果和对应组。见第六章。

随机实验

在随机实验中，使用一种真正的随机化装置，如投掷硬币，将一个人分配给处理组，而将另一个人分配给对照组。见第二章。

敏感性分析

在随机实验之外，相关性并不意味着因果关系：处理分配中足够大的偏差可以解释任何相关性。敏感性分析回答了与特定的观测性研究有关的一个实际问题。为了解释这项观测性研究中实际看到的相关性，需要在处理分配中存在多大的偏差？见第五章。

参考文献

Abdulkadiroğlu, Atila, Parag A. Pathak, and Christopher R. Walters. "Free to Choose: Can School Choice Reduce Student Achievement?" *American Economic Journal: Applied Economics* 10, no. 1 (2018): 175–206.

Angrist, Joshua D., Guido W. Imbens, and Donald B. Rubin. "Identification of Causal Effects Using Instrumental Variables." *Journal of the American Statistical Association* 91, no. 434 (1996): 444–455.

Auerbach, Oscar E., Cuyler Hammond, and Lawrence Garfinkel. "Changes in Bronchial Epithelium in Relation to Cigarette Smoking, 1955–1960 vs. 1970–1977." *New England Journal of Medicine* 300, no. 8 (1979): 381–386.

Bailar, John C., and Heather L. Gornik. "Cancer Undefeated." *New England Journal of Medicine* 336, no. 22 (1997): 1569–1574.

Black, Sandra E. "Do Better Schools Matter? Parental Valuation of Elementary Education." *Quarterly Journal of Economics* 114, no. 2 (1999): 577–599.

Boffetta, Paolo, and Mia Hashibe. "Alcohol and Cancer." *Lancet Oncology* 7, no. 2 (2006): 149–156.

Boyland, E., F. J. C. Roe, and J. W. Gorrod. "Induction of Pulmonary Tumours in Mice by Nitrosonornicotine, a Possible Constituent of Tobacco Smoke." *Nature*

202, no. 4937 (1964): 1126.

Brewer, Judson A., Sarah Mallik, Theresa A. Babuscio, Charla Nich, Hayley E. Johnson, Cameron M. Deleone, Candace A. Minnix-Cotton, et al. "Mindfulness Training for Smoking Cessation: Results from a Randomized Controlled Trial." *Drug and Alcohol Dependence* 119, no. 1–2 (2011): 72–80.

Bross, Irwin D. J. "Statistical Criticism." *Cancer* 13, no. 2 (1960): 394–400. Reprinted with eight commentaries in *Observational Studies* 4 (2018): 1–70.

Campbell, Donald T. *Methodology and Epistemology for Social Science: Selected Papers 1957–1986*. Chicago: University of Chicago Press, 1988.

Cao, Yin, Walter C. Willett, Eric B. Rimm, Meir J. Stampfer, and Edward L. Giovannucci. "Light to Moderate Intake of Alcohol, Drinking Patterns, and Risk of Cancer: Results from Two Prospective US Cohort Studies." *British Medical Journal* 351 (2015): h4238.

Card, David, and Alan B. Krueger. "Minimum Wages and Employment: A Case Study of the Fast-food Industry in New Jersey and Pennsylvania." *American Economic Review* 84, no. 4 (1994): 772–793.

Cochran, William G. "The Planning of Observational Studies of Human Populations (with Discussion)." *Journal of the Royal Statistical Society* A 128, no. 2 (1965): 234–266.

Cornfield, Jerome, William Haenszel, E. Cuyler Hammond, Abraham M. Lilienfeld, Michael B. Shimkin, and Ernst L. Wynder. "Smoking and Lung Cancer: Recent Evidence and a Discussion of Some Questions." *Journal of the National Cancer Institute* 22, no. 1 (1959): 173–203. Reprinted with commentaries by David R. Cox, Jan P. Vandenbroucke, Marcel Zwahlen and Joel B. Greenhouse in the *International Journal of Epidemiology* 38, no. 5 (2009): 1175–1191.

Costanzo, Simona, Augusto Di Castelnuovo, Maria Benedetta Donati, Licia Iacoviello, and Giovanni de Gaetano. "Alcohol Consumption and Mortality in Patients with Cardiovascular Disease: A Meta-analysis." *Journal of the American College of Cardiology* 55, no. 13 (2010): 1339–1347.

Cox, David R., and E. Joyce Snell. *Analysis of Binary Data*. New York: Chapman and Hall/CRC, 1989.

Curtis, David. "Use of Siblings as Controls in Case-Control Association Studies." *Annals of Human Genetics* 61, no. 4 (1997): 319–333.

Davey Smith, George, and Shah Ebrahim. "Mendelian Randomization: Can Genetic Epidemiology Contribute to Understanding Environmental Determinants of Disease?" *International Journal of Epidemiology* 32, no. 1 (2003): 1–22.

DiNardo, John, and David S. Lee. "Economic Impacts of New Unionization on Private Sector Employers: 1984–2001." *Quarterly Journal of Economics* 119, no. 4 (2004): 1383–1441.

Dobbie, Will, and Roland G. Fryer Jr. "The Medium-Term Impacts of High-Achieving Charter Schools." *Journal of Political Economy* 123, no. 5 (2015): 985–1037.

Doll, Richard, and A. Bradford Hill. "The Mortality of Doctors in Relation to Their Smoking Habits." *British Medical Journal* 1, no. 4877 (1954): 1451–1455.

Dougherty, Joseph D., Susan E. Maloney, David F. Wozniak, Michael A. Rieger, Lisa Sonnenblick, Giovanni Coppola, Nathaniel G. Mahieu, et al. "The Disruption of Celf6, a Gene Identified by Translational Profiling of Serotonergic Neurons, Results in Autism-Related Behaviors." *Journal of Neuroscience* 33, no. 7 (2013): 2732–2753.

Eissa, Nada, and Jeffrey B. Liebman. "Labor Supply Response to the Earned Income Tax Credit." *Quarterly Journal of Economics* 111, no. 2 (1996): 605–637.

Fisher, Ronald A. *Design of Experiments*. Edinburgh: Oliver and Boyd, 1935.

Gastwirth, Joseph L. "Methods for Assessing the Sensitivity of Statistical Comparisons Used in Title VII Cases to Omitted Variables." *Jurimetrics Journal* 33 (1992): 19–34.

Gilbert, John P., Richard J. Light, and Frederick Mosteller. "Assessing Social Innovations: An Empirical Base for Policy." In *Evaluation and Experiment: Some Critical Issues in Assessing Social Programs*, edited by Carl A. Bennett and Arthur A. Lumsdaine, 39–193. New York: Academic Press, 1975.

Goldberg, Ira J., Lori Mosca, Mariann R. Piano, and Edward A. Fisher. "Wine and Your Heart: A Science Advisory for Healthcare Professionals from the Nutrition Committee, Council on Epidemiology and Prevention, and Council on Cardiovascular Nursing of the American Heart Association." *Circulation* 103, no. 3 (2001): 472–475.

Hammond, E. Cuyler. "Smoking in Relation to Mortality and Morbidity. Findings in the First Thirty-Four Months of Follow-up in a Prospective Study Started in 1959." *Journal of the National Cancer Institute* 32, no. 5 (1964): 1161–1188.

Hammond, E. Cuyler, and Daniel Horn. "Smoking and Death Rates: Report on Forty-Four Months of Follow-up of 187,783 Men. 2. Death Rates by Cause." *Journal of the American Medical Association* 166, no. 11 (1958): 1294–1308.

Hankins, Scott, Mark Hoekstra, and Paige Marta Skiba. "The Ticket to Easy Street? The Financial Consequences of Winning the Lottery." *Review of Economics and Statistics* 93, no. 3 (2011): 961–969.

Holland, Paul W. "Causal Inference, Path Analysis and Recursive Structural Equations Models." *Sociological Methodology* 18 (1988): 449–484.

Holmes, Michael V., Caroline E. Dale, Luisa Zuccolo, Richard J. Silverwood, Yiran Guo, Zheng Ye, David Prieto-Merino, et al. "Association between Alcohol and Cardiovascular Disease: Mendelian Randomisation Analysis Based on Individual Participant Data." *British Medical Journal* 349 (2014): g4164.

Jacob, Brian A., and Jens Ludwig. "The Effects of Housing Assistance on Labor Supply: Evidence from a Voucher Lottery." *American Economic Review* 102, no. 1 (2012): 272–304.

Keele, Luke, Rocio Titiunik, and José R. Zubizarreta. "Enhancing a Geographic Regression Discontinuity Design through Matching to Estimate the Effect of Ballot Initiatives on Voter Turnout." *Journal of the Royal Statistical Society*, series A (2015): 223–239.

Lawlor, Debbie A., Kate Tilling, and George Davey Smith. "Triangulation in Aetiological Epidemiology." *International Journal of Epidemiology* 45, no. 6 (2016): 1866–1886.

LoConte, Noelle K., Abenaa M. Brewster, Judith S. Kaur, Janette K. Merrill, and Anthony J. Alberg. "Alcohol and Cancer: A Statement of the American Society of Clinical Oncology." *Journal of Clinical Oncology* 36, no. 1 (2018): 83–93.

London, Alex John. "Equipoise in Research: Integrating Ethics and Science in Human Research." *Journal of the American Medical Association* 317, no. 5 (2017): 525–526.

Marmot, Michael, and Eric Brunner. "Alcohol and Cardiovascular Disease: The Status of the U Shaped Curve." *British Medical Journal* 303, no. 6802 (1991): 565–568.

Marquart, James W., and Jonathan R. Sorensen. "Institutional and Postrelease Behavior of Furman-Commuted Inmates in Texas." *Criminology* 26, no. 4

(1988): 677–694.

Milyo, Jeffrey, and Joel Waldfogel. "The Effect of Price Advertising on Prices: Evidence in the Wake of 44 Liquormart." *American Economic Review* 89, no. 5 (1999): 1081–1096.

Morton, David E., Alfred J. Saah, Stanley L. Silberg, Willis L. Owens, Mark A. Roberts, and Marylou D. Saah. "Lead Absorption in Children of Employees in a Lead-Related Industry." *American Journal of Epidemiology* 115, no. 4 (1982): 549–555.

Mulangu, Sabue, Lori E. Dodd, Richard T. Davey Jr., Olivier Tshiani Mbaya, Michael Proschan, Daniel Mukadi, Mariano Lusakibanza Manzo, et al. "A Randomized, Controlled Trial of Ebola Virus Disease Therapeutics." *New England Journal of Medicine* 381, no. 24 (2019): 2293–2303.

Neyman, Jerzy. "On the Application of Probability Theory to Agricultural Experiments. Essay on Principles." *Statistical Science* 5, no. 4 (1990): 465–480. English translation of an article published in Polish in 1923.

Petersson, Bo, Erik Trell, and Hans Kristenson. "Alcohol Abstention and Premature Mortality in Middle-Aged Men." *British Medical Journal* 285, no. 6353 (1982): 1457–1459.

Piantadosi, Steven. *Clinical Trials: A Methodologic Perspective*. New York: John Wiley and Sons, 2017.

Proschan, Michael A., Lori E. Dodd, and Dionne Price. "Statistical Considerations for a Trial of Ebola Virus Disease Therapeutics." *Clinical Trials* 13, no. 1 (2016): 39–48.

Ray, Wayne A., Katherine T. Murray, Kathi Hall, Patrick G. Arbogast, and C. Michael Stein. "Azithromycin and the Risk of Cardiovascular Death." *New England Journal of Medicine* 366, no. 20 (2012): 1881–1890.

Reichardt, Charles S. *Quasi-Experimentation*. New York: Guilford Publications, 2019.

Romas, Stavra N., Vincent Santana, Jennifer Williamson, Alejandra Ciappa, Joseph H. Lee, Haydee Z. Rondon, Pedro Estevez, et al. "Familial Alzheimer Disease among Caribbean Hispanics: A Reexamination of Its Association with APOE." *Archives of Neurology* 59, no. 1 (2002): 87–91.

Rosenbaum, Paul R. *Design of Observational Studies*. 2nd ed. New York: Springer, 2020.

Rosenbaum, Paul R. *Replication and Evidence Factors in Observational Studies*. New York: Chapman and Hall/CRC, 2021.

Rosenbaum, Paul R. "Sensitivity Analysis for Certain Permutation Inferences in Matched Observational Studies." *Biometrika* 74, no. 1 (1987): 13–26.

Rosenbaum, Paul R., and Donald B. Rubin. "The Central Role of the Propensity Score in Observational Studies for Causal Effects." *Biometrika* 70, no. 1 (1983): 41–55.

Rubin, Donald B. "Estimating Causal Effects of Treatments in Randomized and Nonrandomized Studies." *Journal of Educational Psychology* 66, no. 5 (1974): 688–701.

Scoccianti, Chiara, Béatrice Lauby-Secretan, Pierre-Yves Bello, Véronique Chajes, and Isabelle Romieu. "Female Breast Cancer and Alcohol Consumption: A Review of the Literature." *American Journal of Preventive Medicine* 46, no. 3 (2014): S16–S25.

Spielman, Richard S., and Warren J. Ewens. "A Sibship Test for Linkage in the Presence of Association: The Sib Transmission/Disequilibrium Test." *American Journal of Human Genetics* 62, no. 2 (1998): 450–458.

Spielman, Richard S., Ralph E. McGinnis, and Warren J. Ewens. "Transmission Test for Linkage Disequilibrium: The Insulin Gene Region and Insulin-Dependent Diabetes Mellitus (IDDM)." *American Journal of Human Genetics* 52, no. 3 (1993): 506–516.

St. Leger, A. S., A. L. Cochrane, and F. Moore. "Factors Associated with Cardiac Mortality in Developed Countries with Particular Reference to the Consumption of Wine." *Lancet* 313, no. 8124 (1979): 1017–1020.

Stockwell, Timothy, and Jinhui Zhao. "Alcohol's Contribution to Cancer Is Underestimated for Exactly the Same Reason That Its Contribution to Cardioprotection Is Overestimated." *Addiction* 112, no. 2 (2017): 230–232.

Stolley, Paul D. "When Genius Errs: RA Fisher and the Lung Cancer Controversy." *American Journal of Epidemiology* 133, no. 5 (1991): 416–425.

Suh, I. L., B. Jessica Shaten, Jeffrey A. Cutler, and Lewis H. Kuller. "Alcohol Use and Mortality from Coronary Heart Disease: The Role of High-Density Lipoprotein Cholesterol." *Annals of Internal Medicine* 116, no. 11 (1992): 881–887.

Thistlethwaite, Donald L., and Donald T. Campbell. "Regression-Discontinuity

Analysis: An Alternative to the Ex Post Facto Experiment." *Journal of Educational Psychology* 51, no. 6 (1960): 309–317.

Tirmarche, M., A. Raphalen, F. Allin, J. Chameaud, and P. Bredon. "Mortality of a Cohort of French Uranium Miners Exposed to Relatively Low Radon Concentrations." *British Journal of Cancer* 67, no. 5 (1993): 1090–1097.

Tomar, Scott L., and Samira Asma. "Smoking-Attributable Periodontitis in the United States: Findings from NHANES III." *Journal of Periodontology* 71, no. 5 (2000): 743–751.

Tsiatis, Anastasios. "A Nonidentifiability Aspect of the Problem of Competing Risks." *Proceedings of the National Academy of Sciences* 72, no. 1 (1975): 20–22.

Tukey, John W. *Exploratory Data Analysis*. Waltham, MA: Addison-Wesley, 1977.

US Centers for Disease Control and Prevention. "Smoking, Gum Disease, and Tooth Loss." March 23, 2020. https://www.cdc.gov/tobacco/campaign/tips/diseases/periodontal-gum-disease.html.

US Surgeon General's Advisory Committee on Smoking. *Smoking and Health*. Washington, DC: US Department of Health, Education, and Welfare, Public Health Service, 1964.

Vaidya, Bijayeswar, Helen Imrie, Petros Perros, Eric T. Young, William F. Kelly, David Carr, David M. Large, et al. "The Cytotoxic T Lymphocyte Antigen-4 Is a Major Graves' Disease Locus." *Human Molecular Genetics* 8, no. 7 (1999): 1195–1199.

VanderWeele, Tyler J., Eric J. Tchetgen Tchetgen, Marilyn Cornelis, and Peter Kraft. "Methodological Challenges in Mendelian Randomization." *Epidemiology* 25, no. 3 (2014): 427–435.

Welch, B. L. "On the Z-Test in Randomized Blocks and Latin Squares." *Biometrika* 29, no. 1–2 (1937): 21–52.

Yu, Ruoqi, Dylan S. Small, and Paul R. Rosenbaum. "The Information in Covariate Imbalance in Studies of Hormone Replacement Therapy." *Annals of Applied Statistics* 15, no. 4 (2021): 2023–2042.

Zubizarreta, José R., Magdalena Cerdá, and Paul R. Rosenbaum. "Effect of the 2010 Chilean Earthquake on Posttraumatic Stress." *Epidemiology* 24, no. 1 (2013): 79–87.

延伸阅读

Angrist, Joshua D., and Alan B. Krueger. "Empirical Strategies in Labor Economics." In *Handbook of Labor Economics*, edited by Orley Ashenfelter and David Card, 3:1277–1366. New York: Elsevier, 1999.

Cox, David R., and Nancy Reid. *The Theory of the Design of Experiments*. New York: Chapman and Hall/CRC, 2000.

Gerber, Alan S., and Donald P. Green. *Field Experiments: Design, Analysis, and Interpretation*. New York: W. W. Norton, 2012.

Hernán, Miguel A., and James M. Robins. *Causal Inference*. New York: Chapman and Hall/CRC, 2010.

Imbens, Guido W., and Donald B. Rubin. *Causal Inference in Statistics, Social, and Biomedical Sciences*. New York: Cambridge University Press, 2015.

Morgan, Stephen L., and Christopher Winship. *Counterfactuals and Causal Inference*. New York: Cambridge University Press, 2014.

Reichardt, Charles S. *Quasi-Experimentation*. New York: Guilford Publications, 2019.

Rosenbaum, Paul R. *Observation and Experiment: An Introduction to Causal Infer-

ence. Cambridge, MA: Harvard University Press, 2017.

Rutter, Michael. *Identifying the Environmental Causes of Disease: How Should We Decide What to Believe and When to Take Action?* London: Academy of Medical Sciences, 2007. https://acmedsci.ac.uk/publications.

Shadish, William R., Thomas D. Cook, and Donald T. Campbell. *Experimental and Quasi-Experimental Designs for Generalized Causal Inference*. Boston: Houghton Mifflin, 2002.

索 引

Acknowledging uncertainty and complexity,承认不确定性和复杂性,159-160

Adjustment for covariates,协变量调整,84. See also Matching for covariates,也可参见协变量匹配

Alcohol,酒精,159

  and abstention,与戒酒,172-173

  and cancer,与癌症,160-163

  and HDL cholesterol,与高密度脂蛋白胆固醇,164

and heart disease，与心脏病，162-167

and pregnancy，与妊娠，162

Alzheimer's disease，阿尔茨海默病，125-126

American Heart Association，美国心脏协会，164

American Lung Association，美国肺脏协会，133

American Society of Clinical Oncology（ASCO），美国临床肿瘤学家协会（ASCO），162

APOE gene，APOE基因，125

ATE. See Average treatment effect，参见平均处理效应

Autism，自闭症，128

Average causal effect（ACE），平均因果效应（ACE）. See Average treatment effect，参见平均处理效应

Average treatment effect，平均处理效应，13，19-20，30-37

    defined，平均处理效应的定义，13

    estimation of，平均处理效应的估计，30-37

Big data，大数据，8，150

Bitterman, M. E.，M. E. 比特曼，109

Black, Sandra，桑德拉·布莱克，131

Boxplots，箱形图，53-58

Brewer, Judson，贾德森·布鲁尔，133

Campbell, Donald T.，唐纳德·T. 坎贝尔，104，109

Causal effect, definition of，因果效应的定义，6-7. See also Hypothesis of no causal effect; No treatment effect，也可参见无因果效应的假

说；无处理效应

Cocaine addiction，可卡因成瘾，150-152

Cochran, William G.，威廉·G. 科克伦，48

Comparability of controls in an observational study，观测性研究中控制的可比性，64

Complier average causal effect，顺从者平均因果效应，136，142-143

Compliers，顺从者，140，142-145

Confounding by indication，指征混淆，104

Control by systematic variation，系统变异控制，109-110

Control group，对照组，7，106-110. See also Counterparts; Two control groups，也可参见对应组；两个对照组

Cornfield, Jerry，杰里·康菲尔德，90-94

Counterclaims，反诉，85-88

    anticipated，预期的反诉，103-106，115

Counterparts，对应组，110-115

Covariates，协变量

    balance，协变量平衡，25-29，78-79

    defined，协变量的定义，25

    measured，可测协变量，64

    not measured，未测量的协变量，64，85

Data and Safety Monitoring Board (DSMB)，数据和安全监测委员会 (DSMB)，23

Democratic Republic of the Congo，刚果民主共和国，21

Dewey, John，约翰·杜威，3，45，160

Difference-in-differences，倍差法．See Counterparts，参见对应组

Discontinuity design，断点设计，128 - 131

Disease-specific mortality and identification，特定疾病的死亡率和识别，169

Disincentives to work，工作的抑制因素，121，145 - 146

Earned Income Tax Credit (EITC)，劳动所得税收抵免（EITC），110 - 115

Ebola virus disease，埃博拉病毒病，21

Effect modification，效应修改，167 - 168

Emerson, Ralph Waldo，拉尔夫·沃尔多·爱默生，90，102

Encouragement experiments，鼓励实验，132

Equipoise，平衡，23

Ethics committees，伦理委员会，22 - 24

Evidence factors，证据因素，155 - 158

     technical aspects，技术方面的证据因素，158

Ewens, Warren，沃伦·尤恩斯，123，127

Exclusion restriction，排除性限制，132，142

Experimental habit of mind，实验的思维习惯，3，45，160

Experimentation with human subjects，人体实验，22 - 24

Fisher, Ronald A.，罗纳德·A. 费歇尔，30，39，88 - 89

Florida Fantasy 5 lottery，佛罗里达梦幻 5 号彩票，120

Freedom from Smoking Program，远离吸烟项目，133

French paradox，法国人悖论，164

Genetics,遗传学

    hypothetical siblings,遗传学假想的兄弟姐妹,126

    sibling studies,兄弟姐妹研究,122 – 126

Grave's disease,格雷夫氏病,124

Grounds for doubt,怀疑的理由. See Counterclaims,参见反诉

Heroin addiction,海洛因成瘾,150 – 152

Housing subsidies,住房补贴,121,145 – 146

Humors, theory of,体液说,2,44 – 45

Hypothesis of no causal effect,无因果效应假说,37 – 42,39. See also No treatment effect,也可参见无处理效应

Hypothesis of no treatment effect,无处理效应假说,37,39. See also No treatment effect,也可参见无处理效应

Identification,识别,169

Informed consent,书面同意书,22 – 23

Instruments,工具,136 – 146,166. See also Compliers; Exclusion restriction; Mendelian randomization,也可参见顺从者;排除性限制;孟德尔随机化

Instrumental variables,工具变量. See Instruments,参见工具

J – shaped curve,J形曲线,170 – 172

Law of large numbers,大数定律,16,19

Lead levels, in children's blood,儿童血液中的铅含量,155 – 158

London, Alex John，亚力克斯·约翰·伦敦，24

Ludwig, Jens，詹斯·路德维希，118，121，145-146

Matching for covariates，协变量匹配. See also Propensity score，也可参见倾向得分

    adjustment for covariates，协变量调整，67

    covariate balance，协变量平衡，72

    forcing balance，强制平衡，84

    many covariates，多个协变量匹配，77

    propensity score alone，仅以倾向得分匹配，72

    propensity score plus individual covariates，倾向得分加个体协变量匹配，81-82

Median，中位数，54

Mendelian randomization，孟德尔随机化，165-167

    as an instrument，作为工具的孟德尔随机化，166

Mindfulness training，正念训练，133

Minimum wage，最低工资，48

Mortality，死亡率. See Disease-specific mortality and identification; Total mortality，参见特定疾病的死亡率和识别；总死亡率

Natural experiments，自然实验

    discontinuity design，断点设计的自然实验，128-131

    genetic，遗传学的自然实验，118，122-128

    lotteries，彩票的自然实验，117-122

    waiting list，等候名单的自然实验，121

Negligence，疏忽，173

New York Times，《纽约时报》，88

Neyman, Jerzy，耶日·内曼，7

NHANES. See US National Health and Nutrition Examination Survey，参见美国国家健康和营养调查

No causal effect，无因果效应. See No treatment effect，参见无处理效应

No effect，无效应. See No treatment effect，参见无处理效应

Nonequivalent controls，非等价对照. See Counterparts，参见对应组

No treatment effect，无处理效应，9-13，37，39

    defined，无处理效应的定义，13

Objections，反对意见. See Counterclaims，参见反诉

Observational study, definition of，观测性研究的定义，48

Odds，赔率，96

Outside boundaries，在边界之外，56

PALM randomized trial，PALM 随机试验，21

Periodontal disease，牙周病，49

Persistence，坚持，14，152

Plausible rival hypotheses，可信的竞争性假说. See Counterclaims，参见反诉

Polya, George，乔治·波利亚，5

Post-traumatic stress syndrome，创伤后应激综合征，47-48

Propensity scores，倾向得分，59-62，70-79

Quartiles，四分位数，54

Quasi-experimental devices and anticipated counterclaims，准实验装置和可预期的反诉，103－106，108－109，115

 counterparts，准实验装置和可预期反诉的对应组，110－115

 defined，准实验装置和可预期反诉的定义，104

 and Donald T. Campbell，准实验装置和可预期的反诉与唐纳德·T. 坎贝尔，104

 second control group，准实验装置和可预期反诉的第二个对照组，106－110

 successful，成功的准实验装置和可预期的反诉，108－109

Quasi-experiments，准实验 . See Quasiexperimental devices，参见准实验装置

Radon gas，氡气，47

Randomized clinical trials，随机临床试验，21

Randomized experiments，随机实验 . See Randomized treatment assignment，参见随机处理分配

Randomized treatment assignment，随机处理分配，13－19，42

 and causal inference，随机处理分配与因果推断，30－44

 reasons for，随机处理分配的原因，25－28

 and the uniqueness of individuals，随机处理分配与个体的独一无二性，44

Ray, Wayne，韦恩·雷，106－108

Replication, as distinct from repetition，与重复不同的复制，149－155

smoking，吸烟的复制，152-153

treatment for addiction，成瘾处理的复刻，150-152

Rival hypotheses，竞争性假说．See Counterclaims，参见反诉

Rubin, Donald B.，唐纳德·B. 鲁宾，7, 137

Samples，样本，36

Schools，学校

charter，特许学校，118

value of public，公立学校的价值，131

Second control group，第二个对照组．See Two control groups，参见两个对照组

Sensitivity analysis，敏感性分析

comparisons of，敏感性分析比较，100

and counterclaims，敏感性分析与反诉，93, 102

first，首次敏感性分析，90-94

modern，现代敏感性分析，94

role of，敏感性分析的作用，100-102

sensitivity parameter (Γ)，敏感性分析的敏感性参数 (Γ)，97

simulated，模拟敏感性分析，98-99

Sensitivity parameter (Γ)，敏感性参数 (Γ)，96-97

Seventh-Day Adventists，基督复临安息日会教徒，172

Skewness，偏度．See Symmetry，参见对称性

Smoking and Health（US Surgeon General），《吸烟与健康》（美国医疗总监），48

Sosa, Ernest，欧内斯特·索萨，173

Spielman, Richard，理查德·斯皮尔曼，123，127

Statistical criticism，统计批评

Symmetry，对称性，55

Tax Reform Act of 1986，1986年《税收改革法案》，112

TDT. See Transmission disequilibrium test，参见传播不平衡测试

Testing the hypothesis of no causal effect，检验无因果效应假说. See also No treatment effect，也可参见无处理效应

Total mortality，总死亡率，163

Transmission disequilibrium test，传播不平衡测试，127–128

Tukey, John W.，约翰·W. 图基，53

Two control groups，两个对照组，106–110，173

  control by systematic variation，系统变异控制下的两个对照组，109–110

Unbiased estimates，无偏估计值，34–35

Unions and wages，工会与工资，130–131

US Centers for Disease Control，美国疾病控制中心，49，162，167

US Current Population Survey，美国当前人口调查，110

US National Academy of Sciences，美国国家科学院，151

US National Health and Nutrition Examination Survey (NHANES)，美国国家健康和营养调查（NHANES），49

US National Institute of Allergy and Infectious Diseases，美国国家过敏和传染病研究所，21–22

US National Institutes of Health，美国国家卫生研究院，22

US Supreme Court，美国最高法院，48

US Surgeon General，美国医疗总监，48

Wine，葡萄酒

  and health，葡萄酒与健康，162，165，174

  and Louis Pasteur，葡萄酒与路易·巴斯德，3

  and microbiology，葡萄酒与微生物学，3

Wittgenstein，Ludwig，路德维希·维特根斯坦，87

Yu，Ruoqi，余若琪，100

译后记

这本书是我与我先生李井奎教授(以下称李老师)合作翻译的一本小书。

作为一名心理学专业的教师,我对因果推断的认识和理解基本上都是来自与李老师的讨论以及他翻译和撰写的著作,尤其是他 2020 年在哈佛大学访学期间所写的一本经济学科普书。由于疫情的原因,我们原本计划好的一家人暑假在美国相聚的设想化作了泡影,于是,他开始撰写一本名为《大侦探经济学:现代经济学中的因果推断革命》的经济学科普书,聊以打发时光,借以寄托他对孩子们的思念。那个时候,他每写好一章,都会发给我看。那本书写得非常有趣,几乎每一章都很吸引我这个主要从事心理学教学和研究的大学老师,尤其是该书最后一章,通过假想的《西游记》故事,把经济学家因果推断的几种主要工具非常通俗而且有趣地介绍了一遍,让我这个外行人也能读懂。

从此之后,我对李老师经常讲起的因果推断思想就有了新的看法,我认为这是一种非常有力的现代思想武器。我那时候想,如果有一本篇幅适当、能精彩地介绍因果推断的基本思想的书,这本书又不局限在经济学领域,那就再好不过了。当中国人民大学出版社的王晗霞编辑把这本小书的英文版发给李老师时,李老师转发给了我,我打开一读,就爱不释手,这本小书正好满足了我对因果推断的入门书的全部想象,而且精彩至极!于是我就主动请缨,与李老师一起把这本关于因果推断的精彩介绍翻译成中文,感谢中国人民大学出版社的王晗霞编辑,她欣然同意,把此书交由我们来翻译。

这本书的作者保罗·R. 罗森鲍姆是世界著名大学美国宾夕法尼亚大学沃顿商学院统计与数据科学系荣休教授,罗森鲍姆教授1980年博士毕业于哈佛大学,在美国环保部等政府部门短暂任职后到宾夕法尼亚大学任教,自1986年起一直在该校工作,直到2021年退休。罗森鲍姆教授的主要研究领域就是观测性研究中的因果推断,他不仅在敏感性分析、最优匹配、证据因素、准实验设计等方面著述颇丰,而且还与因果推断"潜在结果模型"的提出者、著名统计学家唐纳德·B. 鲁宾一起对倾向得分方法做出了开拓性贡献。罗森鲍姆教授是最早就因果推断领域的研究成果写出教科书的学者之一。这次,麻省理工学院出版社请他来为自己的一套通识读本写作《因果推断入门》一书,可谓所托得人!麻省理工学院出版社的这套通识读本,国内知道的虽然不多,但它却是一套在美国很受欢迎的通识丛书,对标的是牛津大学出版社的通识读本系列，因此，这套丛书所邀请的撰写者都是所在领域的世界一流学者。

自我拿到了罗森鲍姆的这本书之后，我便开始认真地在工作之余研读这本简洁明快的小书。读完之后，不禁感叹，罗森鲍姆果然是因果推断领域的一代大家，他总是从众人关心的现象说起，逐层深入，使得读者不禁对科学工作者如此严谨的研究思路心生钦佩之情，同时也会对许多领域中我们固有的偏见有所反思。

这本小书文风简洁，干脆利落，结构分明。它主要可以分为以下几个部分：首先是基于随机实验的思想介绍因果效应，这是第一、二章的内容；其次引入现代社会科学、医学以及其他如心理科学等研究领域常见的观测性研究存在的问题，尤其是对于如何面对那些不可测的变量的问题，该书做了充分的解释，这是第三、四和五章的内容；再次是利用准实验环境进行巧妙的观测性研究，其中还包括断点设计以及工具变量等问题，当然，对于这类研究的反对声音，作者也做了针锋相对的回应，这是第六、七和八章的内容；最后是对因果推断中所存在的不确定性和复杂性的反思，使用的是关于每日饮酒是否有益这个问题的一系列研究，"每天喝一杯葡萄酒会延长还是缩短寿命？答案是什么？时间会证明一切。也许不会。"作者留下了一个开放式的结尾，也意味深长地表明，因果推断是一项非常复杂的工作，它的未来还留给我们无限的发展空间。

关于因果推断的教材和专著，我国市面上已经有不少。前不久中国人民大学出版社刚刚出版了由李老师翻译的《因果推断》一书，那本书是一本非常优秀的因果推断教材，适合大学生和研究生以及科研爱好者学习。但是，到目前为止，市面上还没有一本相对通俗易懂的对因果推断这一领域的精要介绍。相信本书的出版将为市场补上这一缺环，让更多喜欢因果推断的朋友能够以最快速度和最小成本了解它的基本内容。

译后记

同时,《因果推断入门》这本书还有一个值得称道的优点,就是它构思精巧的行文。这本书一开篇就像一本侦探小说,确实非常符合李老师对因果推断的概括:像侦探一样思考。作者罗森鲍姆这样写道:

"1757年,在乔治·华盛顿击败大英帝国之前,在他于美洲大陆大权在握并于选举后和平移交权力之前——在所有这一切之前——乔治·华盛顿曾生过一场病,他的医生差点要了他的命。他们给他放血,目的是使他的体液恢复健康的平衡。多年以后的1799年12月13日,华盛顿

抱怨喉咙痛……痛到他几乎无法呼吸……这个垂死之人不仅因为喉咙肿胀慢慢窒息而死,而且还要忍受18世纪医学的折磨。他被反复放血,直到血量减少了一半。他被逼着使劲呕吐……皮肤上覆着燃烧的化学物质,使他浑身起泡。

第二天,华盛顿就与世长辞了。"

这样的开头看似非常具有戏剧性,实际上却蕴含着深刻的因果推断思维,因为它要我们回答的问题是:华盛顿到底是不是死于医生给他放血?要想回答这个问题,就需要了解什么叫做"潜在结果框架"。

大概在十二三年前,因为一些朋友的推荐,李老师开始打算进入因果推断这一计量经济学新领域。大概因为这个当时被他称为"微观计量经济学"的新方向与传统的计量经济学非常不同,所以李老师一直感到难以入门。其中阻碍他向前挺进的一个重要内容,就是由唐纳德·鲁宾教授提出的潜在结果框架。我看李老师为这个问题辗转反侧了好多天,甚至对自己能不能学得会这种最新的计量经济学方法都产生了怀疑,就禁不住问他到底遇到了什么样的困难。

李老师通过举例给我讲了他当时遇到的困难。这个例子要回答的是

这样一个问题：医院让人们变得更健康了吗？为了使这个问题更符合实际，假设我们正在研究一个贫穷的老年人群，他们到医院急诊室接受基础的保健服务。其中有些病人被送进了医院接受住院治疗。住院所需的这类护理服务费用昂贵，还会挤占医院的医疗设施，而且可能不是非常有效。事实上，那些本就身体欠佳的人与其他病人接触，对他们的健康产生的负面影响可能更大。但由于住院患者得到了许多有价值的医疗服务，医院对病人健康是否有效这个问题的答案似乎仍然是肯定的。

但数据会支持这一点吗？对于一个有一定生活经验的人来说，对去过医院的人和没有去过医院的人的健康状况进行比较，是一种很自然的处理。美国的国家健康访谈调查（NHIS）就包含有进行这类比较所需的信息。具体来说，它包括这样一个问题："在过去12个月里，受访者住过院吗？"通过这个问题我们可以识别那些最近住过院的人。NHIS还问过这样一个问题："你认为你的健康状况总体是极好、很好、好、一般还是差呢？"

下面这张表显示了住过院的患者和未住过院的人的健康状况均值。

组别	样本规模	健康状况均值	标准误
住过院	7 774	3.21	0.014
未住过院	90 049	3.93	0.003

说明：健康状况差赋值1，健康状况极好赋值5。
资料来源：NHIS（2005）.

二者均值之差是0.72，说明差异很大，t 统计量是58.9，说明这一对比非常显著，该表表明，未住过院的人显然比住过院的患者更加健康。

从表面上看，这一结果表明住过院会使患者病情加重。由于医院里挤满了可能会感染我们的病人、可能会伤害我们的危险医疗器械和化学药剂，所以这个答案未必不是正确答案。但是，我们还是很容易就可以看出来，为什么这种表面的比较并不合适：那些去过医院的人可能一开始就不太健康。此外，那些寻求医疗而住过院的患者平均来说也不如一开始就未住过院的人健康，尽管他们的健康状况比住院之前也许要更好。

在这个问题的基础上，李老师开始给我介绍鲁宾教授的潜在结果框架。为了更精确地描述这个问题，我们可以把是否曾住院治疗用一个二元随机变量 $D_i=\{0,1\}$ 来描述。健康状况的指标是我们感兴趣的结果，用 Y_i 表示。我们的问题是：Y_i 是否受住院治疗的影响？为了回答这个问题，假设我们可以设想，一些住过院的患者如果没住院的话会发生什么；同样，我们还可以设想相反的情况。因此，对于任何个人来说，都有两个潜在的健康变量：

$$潜在结果 = \begin{cases} Y_{1i}, & 如果 D_i = 1 \\ Y_{0i}, & 如果 D_i = 0 \end{cases}$$

换言之，Y_{0i} 是一个人倘若没有住过院的健康状况，不管他实际上到底住没住过院，而 Y_{1i} 是一个人倘若住过院的健康状况，也不管他实际上到底住没住过院。我们想知道 Y_{0i} 和 Y_{1i} 之间的差值是多少，这可以被说成是个体 i 住院治疗的因果效应。如果我们能够回到过去，改变一个人的治疗状态，这就是我们要测量的因果效应。

按照潜在结果，我们所观察到的结果 Y_i 可以写成下式：

$$潜在结果 = \begin{cases} Y_{1i}, & 如果 D_i = 1 \\ Y_{0i}, & 如果 D_i = 0 \end{cases}$$
$$= Y_{0i} + (Y_{1i} - Y_{0i})D_i$$

这个表示法很有用，因为 $Y_{1i} - Y_{0i}$ 是一个人接受住院治疗的因果效应。一般情况下，总体中可能存在 Y_{1i} 和 Y_{0i} 的分布，因此处理效应（treatment effect）也许因人而异。但是，由于我们从没有看到过一个人的两种潜在结果，所以，我们必须通过比较住过院的患者和未住过院的人的平均健康状况来了解住院治疗的效果。

一个住院情况均值的单纯比较可以告诉我们一些潜在结果的内容，虽然这并不一定是我们想要知道的部分。以住院情况为条件的健康状况均值的比较，通过下面这个方程，在形式上与平均因果效应联系了起来：

$$\underbrace{E[Y_i \mid D_i = 1] - E[Y_i \mid D_i = 0]}_{\text{可观察到的平均健康水平之差}} = \underbrace{E[Y_{1i} \mid D_i = 1] - E[Y_{0i} \mid D_i = 1]}_{\text{处理组的平均处理效应}}$$
$$+ \underbrace{E[Y_{1i} \mid D_i = 0] - E[Y_{0i} \mid D_i = 0]}_{\text{选择性偏差}}$$

其中，下面这一项

$$E[Y_{1i} \mid D_i = 1] - E[Y_{0i} \mid D_i = 1] = E[Y_{1i} - Y_{0i} \mid D_i = 1]$$

是住院治疗对那些住过院的人的平均因果效应。这一项是住过院的人的健康水平（即 $E[Y_{1i} \mid D_i = 1]$）的平均值与倘若他们没有去住院而会呈现的健康水平（即 $E[Y_{0i} \mid D_i = 1]$）的平均值之差。不过，所观察到的健康状况之差却为这一因果效应加上了一项，这就是选择性偏差（selection bias），即那些住过院的人和没有住过院的人平均的 Y_{0i} 值之差。由于生病的人比健康的人更有可能寻求治疗，所以那些住过院的人的 Y_{0i} 值要更低，这使得本例中的选择性偏差为负。选择性偏差可能非常大（以绝对值表示），以至会完全掩盖积极的治疗效果。大多数实证经济学研究的目标就是克服选择性偏差，从而对像 D_i 这样的变量的因果效应做出说明。

李老师为介绍潜在结果框架而做的这个举例，给我留下了非常深刻的印象，也是我了解因果推断思想的开始。根据我的理解，潜在结果模型的本意是想说明，要进行真正的因果性比较，必须让对照组和处理组

译后记

的被试尽可能地相似才行。所谓的去除选择性偏差，本质上就是要使两个组的被试尽可能在各个方面都相似。

由于我在浙江大学受过六年心理学教育，随机对照实验的思想早已经深入我的思维，所以我很快就认识到，所谓的潜在结果，指的就是没有接受处理的对照组被试如果接受了处理将产生的结果，也是指接受处理的处理组被试假如没有接受处理将产生的结果。

我之所以能很快地把握住了潜在结果框架的本质，进而较为迅速地理解了因果推断，从根本上还是得益于我对心理学中随机对照实验方法的学习和训练。而李老师是学习经济学出身的，十多年前的经济学教学似乎并不以实验方法为尚，因为此前经济学界一直认为经济学由于其研究对象的性质等原因，无法推行实验方法，或者至少不能大规模地推行实验方法，来理解宏观经济的表现。正是这样的观念使他们在转过来理解因果推断这场现代经济学革命时，面临着不小的思维转型上的困难。

李老师通过医院就诊是否提高了人们的健康水平这个例子，并且在我对随机对照实验思想的解说之下，很快就理解了潜在结果模型，然后，他后面对因果推断的学习就变得非常之快了。

我还记得，当时他给我讲经济学家对性别或种族歧视的研究时，提到他终于明白了一本很有名的计量经济学教材的这段话：

> 在种族和性别研究领域，经济学家最关心的是劳动力市场歧视问题。这类歧视体现在，因为人们认为你是黑人或白人、男性或女性，他们就会有差别地对待你。在一个反事实的世界里，把男人看成女人，把女人看成男人，这样的想法由来已久，并不需要道格拉斯·亚当斯式的搞怪来娱乐大众（在莎士比亚的《皆大欢喜》一剧中，罗莎琳假扮成盖尼米德，愚弄了所有人）。改变所属种族的想

法也同样近乎不可思议：在电影《人性污点》中，菲利普·罗斯想象了一个主人公科尔曼·希尔克的世界，希尔克在其职业生涯中是一名冒充白人的黑人文学教授。劳动经济学家一直在想象着同样的事情。有时，为了推动科学进步，我们甚至会构建这样的场景，如在使用假工作申请和假简历的审计研究（audit studies）中所做的那样。

后来，李老师还把歧视研究的一些精彩论文写入了他的《大侦探经济学》的第一章"乔治·弗洛伊德之死"中。

这本书的翻译是我和李老师的合作成果，对于正文中的每一段话，李老师都做了认真的校对，而且最后一段时间由于我的工作有些忙，李老师还独自承担了本书索引的翻译工作。

当然，对于这篇译后记，他也通读并给出了意见，并且对于在领会因果推断的潜在结果框架上我的心理学背景所带来的优势，李老师也表示非常认可。这对于一向以读书自负的他来说，是值得表扬的。

叶星

浙江金融职业学院心理健康中心

2023 年 5 月 16 日

Causal Inference

By Paul R. Rosenbaum

Copyright 2023 Massachusetts Institute of Technology

Simplified Chinese version 2023 by China Renmin University Press

All Rights Reserved.

图书在版编目（CIP）数据

因果推断入门／（美）保罗·R. 罗森鲍姆著；叶星，李井奎译．--北京：中国人民大学出版社，2023.9
ISBN 978-7-300-31955-1

Ⅰ.①因… Ⅱ.①保… ②叶… ③李… Ⅲ.①因果性-推断 Ⅳ.①B812.23

中国国家版本馆CIP数据核字（2023）第151249号

因果推断入门
保罗·R. 罗森鲍姆　著
叶星　李井奎　译
Yinguo Tuiduan Rumen

出版发行	中国人民大学出版社		
社　　址	北京中关村大街31号	邮政编码	100080
电　　话	010-62511242（总编室）		010-62511770（质管部）
	010-82501766（邮购部）		010-62514148（门市部）
	010-62515195（发行公司）		010-62515275（盗版举报）
网　　址	http://www.crup.com.cn		
经　　销	新华书店		
印　　刷	北京宏伟双华印刷有限公司		
开　　本	720 mm×1000 mm　1/16	版　次	2023年9月第1版
印　　张	11 插页2	印　次	2023年9月第1次印刷
字　　数	133 000	定　价	58.00元

版权所有　侵权必究　印装差错　负责调换